生体材料化学
— 基礎と応用 —

工学博士 浅沼 浩之
博士(工学) 樫田 啓 共著
博士(薬学) 神谷由紀子

コロナ社

まえがき

トップダウン型の"学問"領域─材料化学（科学）

　有機化学や無機化学といった従来からある理学的な学問分野は，ボトムアップ的に体系づけられている。例えば有機化学では，炭素，水素，酸素といった個々の元素について，それらの同種あるいは異種間の化学結合の理論に基づいて原子レベルで説明するところから出発して"分子"という概念を確立し，さらに高次の化合物や合成反応へと展開する。このように理論を基礎にして順々に組み上げていくので，必然的に学問体系は筋の通ったボトムアップな内容となる。さらに該当する学問分野がどのように発展を遂げようと，教科書に記載された内容が陳腐化することはない。しかしその一方で物理化学や有機化学の教科書はどれも類似した内容になるであろう。

　それに対して材料化学（科学）は，まったく逆の構成＝トップダウン的な体系になり，総じて各論的な内容である。材料化学では，最初に"何に使うのか？"あるいは"何に応用するのか"といった工学（あるいは医学）的な意義が問われ，使用目的に応じてスペック（仕様）が決まってからそれに合致する材料がトップダウン的に選択される。その際にスペックを満たすものなら，無機だろうが有機だろうが区別されることなく同列に扱われる。例えばワインの容れ物を考えてみよう。要求される最低限のスペックは，① ワインを密閉できる，② ワインの風味を損なうような物質が容れ物から溶出しない，といったところだろう。このスペックを満たす材料としては，ビン，ペットボトル，内側を高分子で保護した紙パック，などを挙げることができる。もちろん伝統や習慣からワインの容れ物はほとんどがビンだが，ペットボトルや紙パックでも十分可能だろう。事実，日本酒はビンだけでなく牛乳と同じような紙パックに入れて市販されているものもある。しかし，ビンはガラス＝無機物，ペット

まえがき

ボトルは高分子＝有機物，紙パックはセルロース＝天然物であり，理学的に分類すれば，ビン＝無機化学，ペットボトル・紙パック＝高分子化学である。したがって，仮に"容れ物"に焦点を当てた材料化学を論じる場合，学問体系がまったく異なる物質を扱うことになる。材料そのものをボトムアップ的に系統立てて説明するのはきわめて困難になり，必然的に各論にならざるをえない。またスペックを満たす画期的な材料が新たに開発されれば，それ以前に書かれた著書は陳腐化するので定期的に改訂する必要も出てくる。ここが理学的な学問分野の教科書と大きく異なるところであろう。

とはいえ，教科書本来の趣旨からいえば理学的な学問体系のように，基礎となる理論あるいは知識から組み上げ，徐々に高度な内容へとボトムアップ的に深化させるほうが学部の学生には理解しやすいであろう。そこで本書「生体材料化学」の執筆にあたり，材料として「高分子」のみに焦点を絞ることにした。まずは材料化学に関連する生体高分子化学および合成高分子化学をボトムアップ的に説明し，つぎに生体関連分野に用いられる各材料について，用途に応じて要求される「スペック」を可能なかぎり最初に明確にする。その上で，スペックを満たす現状の高分子材料について解説を試みる。こうすることで極力統一感のとれた教科書を目指すが，材料化学である以上どうしても各論的内容になるのはご容赦いただきたい。また現実の材料研究は計画どおり進むものでもなく，さらには理屈がよくわからないまま使われている材料もある。その一方で，一部の性能だけが飛び抜けて優れている材料も，一つでもスペックを満たしていなければ実用化されない。そんなアバウトでしかも繊細な材料化学の一端を，学部学生がこの教科書を通じて垣間見ることができれば幸いである。

2015 年 10 月

浅沼　浩之
著者を代表して

目　　　次

1.　生体を構成する代表的な高分子

1.1　は　じ　め　に……………………………………………………………………………*1*
1.2　　　DNA/RNA……………………………………………………………………………*2*
　　1.2.1　核酸の化学構造および性質……………………………………………*2*
　　1.2.2　核酸の高次構造……………………………………………………………*3*
　　1.2.3　核酸二重鎖の融解温度…………………………………………………*6*
　　1.2.4　DNAとRNAの化学的安定性…………………………………………*8*
　　1.2.5　核酸自動合成機……………………………………………………………*9*
　　1.2.6　核酸の生物学的機能……………………………………………………*11*
　　1.2.7　　PCR法……………………………………………………………………*12*
1.3　アミノ酸・ポリペプチド・タンパク質…………………………………*14*
　　1.3.1　ア　ミ　ノ　酸……………………………………………………………*14*
　　1.3.2　ポリペプチド，タンパク質……………………………………………*16*
　　1.3.3　ペプチドの固相合成……………………………………………………*21*
1.4　糖　　　　　鎖………………………………………………………………………*24*
　　1.4.1　単　　　　　糖……………………………………………………………*24*
　　1.4.2　グリコシド結合……………………………………………………………*26*
　　1.4.3　多　　糖　　類……………………………………………………………*27*
　　1.4.4　複　合　糖　質……………………………………………………………*29*
　　1.4.5　タンパク質に結合する糖鎖……………………………………………*30*
　　1.4.6　*N*結合型糖鎖の生合成過程……………………………………………*32*

1.4.7　O 結合型糖鎖……………………………………………………34
　　　1.4.8　脂質に結合する糖鎖……………………………………………34
　　　1.4.9　疾患に関わる糖鎖………………………………………………35
　　　1.4.10　糖タンパク質に結合する糖鎖構造の分析……………………36
　　　1.4.11　糖タンパク質の調製…………………………………………39
　章　末　問　題…………………………………………………………………40
　参　考　文　献…………………………………………………………………42

2. 合 成 高 分 子

2.1　は じ め に……………………………………………………………43
2.2　平 均 分 子 量…………………………………………………………44
2.3　付加重合（ビニルモノマーの重合）…………………………………45
　　　2.3.1　ラジカル重合……………………………………………………46
　　　2.3.2　レドックス重合…………………………………………………47
　　　2.3.3　アニオン重合……………………………………………………49
　　　2.3.4　カチオン重合……………………………………………………51
　　　2.3.5　配位重合（Ziegler-Natta 触媒）………………………………51
2.4　共　　重　　合…………………………………………………………52
2.5　高分子の立体規則性……………………………………………………55
2.6　縮重合と重付加…………………………………………………………56
　　　2.6.1　ポリエステルとポリカーボネート（縮重合）…………………58
　　　2.6.2　ポリアミドとポリイミド………………………………………59
　　　2.6.3　ポリウレタン……………………………………………………60
2.7　開　環　重　合…………………………………………………………61
　　　2.7.1　環状エーテル……………………………………………………61
　　　2.7.2　環状エステル・環状アミドの関連化合物……………………62
2.8　その他の高分子…………………………………………………………64
章　末　問　題…………………………………………………………………65

参　考　文　献·· *66*

3. 分子認識材料

3.1　は　じ　め　に ·· *67*
3.2　分子認識に関わる分子間力 ·· *68*
　　3.2.1　静電相互作用 ·· *68*
　　3.2.2　永久双極子間相互作用 ·· *69*
　　3.2.3　分　散　力 ·· *70*
　　3.2.4　π-π相互作用（スタッキング相互作用） ·· *70*
　　3.2.5　水　素　結　合 ·· *71*
　　3.2.6　疎水相互作用 ·· *72*
3.3　シクロデキストリン ·· *75*
　　3.3.1　酵素モデルとしてのCD ··· *76*
　　3.3.2　可溶化剤としてのCD ··· *78*
　　3.3.3　食品添加剤としてのCD ··· *79*
3.4　分子鋳型法（モレキュラーインプリンティング）··································· *80*
3.5　分　離　膜 ··· *82*
　　3.5.1　気体分離膜 ·· *83*
　　3.5.2　液体分離膜 ·· *84*
3.6　電気泳動用ゲル ·· *87*
3.7　蛍光プローブ ·· *89*
　　3.7.1　光　と　色 ·· *89*
　　3.7.2　吸収と蛍光 ·· *91*
　　3.7.3　蛍光共鳴エネルギー移動 ··· *95*
　　3.7.4　バイオテクノロジーへの応用1―ELISA法― ······························· *96*
　　3.7.5　バイオテクノロジーへの応用2―モレキュラービーコン― ········· *98*
　　3.7.6　バイオテクノロジーへの応用3―DNAチップ― ························· *99*
章　末　問　題·· *100*

参考文献……………………………………………………………………………101

4. 生体組織と接触する材料—バイオマテリアル—

4.1 はじめに……………………………………………………………………102
4.2 目に関連するバイオマテリアル…………………………………………104
　　4.2.1 コンタクトレンズ…………………………………………………105
　　4.2.2 眼内レンズ…………………………………………………………106
　　4.2.3 人工角膜……………………………………………………………107
4.3 歯およびその周辺組織に関連するバイオマテリアル…………………108
　　4.3.1 人工歯………………………………………………………………109
　　4.3.2 義歯床………………………………………………………………110
　　4.3.3 人工歯根（インプラント）………………………………………111
　　4.3.4 矯正治療用マテリアル……………………………………………111
4.4 創傷被覆材（人工皮膚）…………………………………………………115
4.5 組織培養用マテリアル……………………………………………………117
4.6 血液に接触するバイオマテリアル………………………………………119
　　4.6.1 血小板反応…………………………………………………………120
　　4.6.2 凝固因子系反応……………………………………………………121
　　4.6.3 抗血栓性をもつバイオマテリアルの設計………………………123
4.7 人工血管，人工心臓，人工弁……………………………………………127
4.8 人工腎臓（透析膜）………………………………………………………129
章末問題…………………………………………………………………………133
参考文献…………………………………………………………………………134

5. 高分子の医薬への応用

5.1 はじめに……………………………………………………………………135
5.2 抗体医薬……………………………………………………………………136

5.2.1	抗体医薬	136
5.2.2	抗体の構造	137
5.2.3	抗体の製造	139
5.2.4	エフェクター機能の向上を狙った次世代型抗体の設計	140
5.2.5	抗体のアミノ酸配列の改変	142
5.2.6	薬物をコンジュゲートした抗体	144
5.2.7	抗体医薬の新たな創薬ターゲットの探索	145

5.3 核酸医薬 146
 5.3.1 遺伝子発現を抑制する機能性核酸 147
 5.3.2 核酸創薬に向けた人工核酸の開発 150
 5.3.3 核酸医薬の設計と工夫 151
 5.3.4 核酸医薬品の副作用 154
 5.3.5 デリバリーシステムの開発 157
 5.3.6 アプタマーの設計 157
 5.3.7 ゲノム編集 159

5.4 ドラッグデリバリーシステム（DDS） 160
 5.4.1 高分子マトリックスを用いた薬物徐放 162
 5.4.2 ガン組織特異的DDS開発のコンセプト 163
 5.4.3 リポソーム型DDS 165
 5.4.4 高分子ミセル型DDS 167
 5.4.5 遺伝子治療用ベクターとしてのナノ粒子 170

章末問題 173
参考文献 173

推薦図書 175
索引 176

1 生体を構成する代表的な高分子

1.1 はじめに

　ヒトは約 37 兆個もの細胞から成り立っている［以前は 60 兆個といわれていたが，現在では修正されている；*Annals of Human Biology*, **40**(6), pp.463-471 (2013)］。これらの細胞は多くの有機分子でつくられており，それらがたがいに秩序だって相互作用することで生命活動を営んでいる。

　分子生物学の**セントラルドグマ（中心教義）**とは，「遺伝情報は，DNA →（転写）→メッセンジャー RNA（mRNA）→（翻訳）→タンパク質の順に伝達され，タンパク質から DNA への逆方向には伝達されない」という基本概念で，DNA 二重鎖の発見で有名なフランシス・クリックによって提唱された。当初は RNA → DNA への情報伝達もないとされていたが，RNA を鋳型として DNA を合成する逆転写酵素が発見されたことで修正された。

　DNA，RNA，タンパク質（アミノ酸）はセントラルドグマを構成している生体高分子であり，まさに生命の根幹である。一方糖鎖はセントラルドグマから外れた生体高分子であるが，個体に多様性を与える重要な高分子である。またセルロースやアミロースなど自然界に豊富に存在し，優れた材料でもある。

　生体材料の設計では，細胞を構成する高分子や有機分子の機能や物性を知ることが第一歩となる。とはいえ，細胞を形づくるすべての物質を取り上げていたら紙面がいくらあっても足りないので，ここではセントラルドグマ周囲の代表的な生体高分子である，DNA，RNA，タンパク質（ペプチド），糖鎖の 3 種

類を取り上げ，その構造・物性・合成法について解説する。

1.2 DNA/RNA

1.2.1 核酸の化学構造および性質

核酸とは，図1.1に示すように，構成単位である**ヌクレオチド**が**リン酸ジエステル**を介して結合した生体高分子である。ヌクレオチドは核酸塩基，糖，リン酸から構成されており，糖部にデオキシリボースをもつ核酸は **DNA**（deoxyribonucleic acid, **デオキシリボ核酸**），リボースをもつ核酸は **RNA**（ribonucleic acid, **リボ核酸**）と呼ばれる。核酸はその名前のとおり構成要素にもつリン酸が酸性であるため，生理 pH においては解離し負電荷を帯びたポリアニオンとして存在する。DNA では**アデニン（A）**，**グアニン（G）**，**シトシン（C）**，**チミン（T）**の4種類の核酸塩基が存在している。それに対し，RNA は塩基として A，G，C，**ウラシル（U）**の4種類をもつ。このうち A と G はプリン環をもつために**プリン塩基**，C と T（U）はピリミジン環をもつために

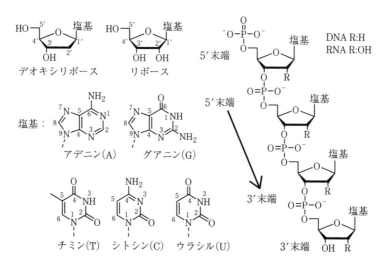

図1.1 DNA および RNA の構成要素およびオリゴマーの化学構造
（糖部および塩基には各原子の番号を付記してある）

ピリミジン塩基と呼ばれる。RNA は DNA と非常に似た構造をもつが，RNA はリボースの 2′ 位のヒドロキシ基（水酸基）のために，後述するように DNA と比べて加水分解を受けやすいという特徴がある。核酸には方向性があり，リボースの 5′ 炭素のある側の末端を 5′ 末端と呼び，3′ 炭素側の末端を 3′ 末端と呼ぶ。DNA や RNA は 4 種類のヌクレオチドがあり，このヌクレオチドの並び方（配列）が核酸の生物学的機能にきわめて大きな役割を担っている。

　核酸の最も重要な化学的機能として二重鎖形成が挙げられる。核酸塩基は**図 1.2** のように A-T(U)，G-C と特異的水素結合を形成することによって**塩基対** (base pair) を形成する。この塩基対は 1953 年に Watson と Crick が最初に報告したことから，特に **Watson-Crick 型塩基対**と呼ばれる。この塩基対形成を利用することによって，DNA は相補的な配列をもつ DNA と逆平行に**二重らせん構造**を形成する。例えば 5′-ATGCAG-3′ という配列をもつ DNA の相補鎖は 5′-CTGCAT-3′ となる。また，相補的ではない塩基とは Watson-Crick 型塩基対を形成できないために二重らせんが不安定化する。この塩基対形成を利用することで，核酸は相補的な配列をもつ核酸をきわめて高い精度で識別することができる。

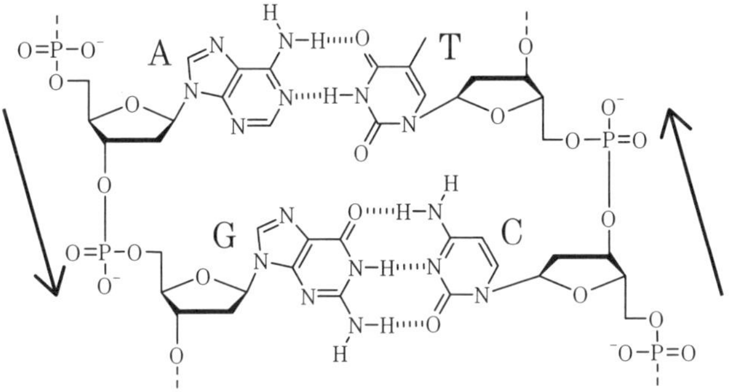

図 1.2　Watson-Crick 型塩基対

1.2.2　核酸の高次構造

DNA や RNA の二重らせん構造には**図 1.3** に示す A 型，B 型，Z 型の 3 種類

4　1. 生体を構成する代表的な高分子

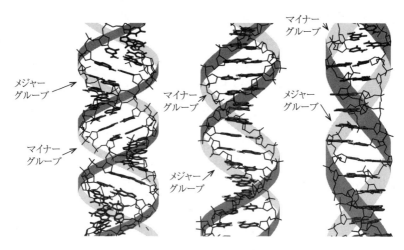

	A 型	B 型	Z 型
らせんの巻き方	右巻き	右巻き	左巻き
直 径	26 Å	20 Å	18 Å
1巻き当りの塩基対数	11.6 bp	10 bp	12 bp
らせんピッチ	34 Å	34 Å	44 Å

図 1.3　DNA 二重鎖の立体構造およびそれぞれの構造のらせんパラメータ
　　　　（核酸塩基部位は太線で示してある）

が主に知られている。生理条件下で DNA 二重鎖は **B 型二重らせん**を形成するのに対し，RNA 二重鎖は 2′位にヒドロキシ基をもつために **A 型二重らせん**を形成する。また，DNA 二重鎖は低湿度条件では A 型二重らせんを形成することが知られている。B 型二重らせんは，塩基対がらせん軸に対してほぼ垂直に存在しており，らせんのほぼ中心に塩基対が存在しているという特徴がある。この際，幅の異なる二つの溝が現れるが，大きいほうの溝を**主溝（メジャーグループ）**，小さいほうを**副溝（マイナーグループ）**と呼ぶ。一方，A 型二重らせんは，塩基対がらせん軸に対して傾いており，らせん軸に対して塩基対が巻き付いたような構造をとる。**Z 型二重らせん**は GC 繰返し配列をもつ DNA や RNA が高塩濃度条件下において形成することが知られている。A 型および B 型は右巻き二重らせんであるのに対し，この Z 型は左巻き二重らせんである

という特徴がある．Z型二重らせんに対して結合するタンパク質が知られているものの，その生物学的意義に関しては未だ議論が行われている．

　また，核酸は二重らせん以外の高次構造を形成することも知られており，例えば図1.4に示したような**三重鎖構造**が挙げられる．この三重鎖はプリン連続（ポリプリン）配列とピリミジン連続（ポリピリミジン）配列から形成される高次構造であり，文字どおり3本の核酸鎖から構成されるらせん構造である．三重鎖には，結合する鎖に対して3本目の鎖が平行に結合する**パラレル型三重鎖**と逆平行に結合する**アンチパラレル型三重鎖**があるが，ここではパラレル型三重鎖について述べる．パラレル型三重鎖形成時には，ポリプリン-ポリピリミジンからなる二重鎖に対し，プリン鎖側から3本鎖目のポリピリミジン鎖が水素結合を介して結合する．この際の結合様式はこれも発見者の名をとって**Hoogsteen型塩基対**と呼ばれている．このHoogsteen型塩基対を形成するためにはシトシンがプロトン化する必要がある．そのため，シトシンを含むパラレル型三重鎖は低pHでのみ形成される．また，一般的にHoogsteen型塩基対はWatson-Crick型塩基対よりも安定性が低いことが多い．生体内ではポリプリン-ポリピリミジン配列は数多く存在しており，**H-DNA**と呼ばれる分子内三重鎖構造をとりうることが示唆されている．

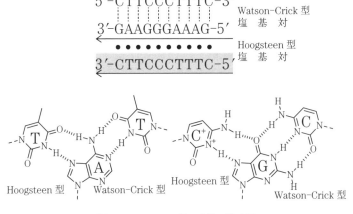

図1.4　パラレル型三重鎖の模式図

さらに，グアニンに富む配列は4分子のグアニンが水素結合を介して結合することによって**グアニン四量体**を形成し，この四量体が積み重なった**グアニン四重鎖構造**を形成することが知られている（図1.5）。グアニン四重鎖構造は内部に空孔があり，カリウムイオンなどの金属イオン存在下ではこの空孔にイオンが結合することによって四重鎖構造が安定化する。このグアニン四重鎖は分子内や分子間でも形成されるため，グアニンに富むオリゴヌクレオチドによる二重鎖形成は，しばしばこのグアニン四重鎖構造によって阻害される。染色体末端に存在しているテロメア配列は，グアニンに富んでおり，グアニン四重鎖構造を形成しているといわれている。

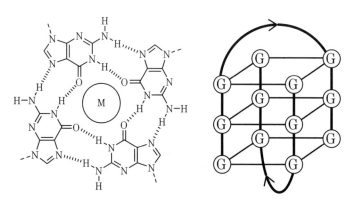

図1.5　グアニン四量体の化学構造とアンチパラレル型四重鎖の模式図
（中央部のMは金属イオンを表す）

1.2.3　核酸二重鎖の融解温度

核酸二重鎖は水溶液中で高温にすると一本鎖に解離する。この二重鎖の変性過程を固体の融解になぞらえて**二重鎖の融解**と呼ぶ。また，二重鎖の半分が一本鎖に解離する温度を二重鎖の**融解温度**（T_m）と呼ぶ。この T_m は通常核酸塩基部位（260 nm）の吸光度を測定することで決定される。核酸塩基は二重鎖を形成した際に，隣接塩基対との電子相互作用によって吸光度が減少する（**淡色効果**）。したがって，二重鎖の吸光度の温度依存性を測定することによって，図1.6に示すような融解曲線を得ることができる。二重鎖形成・解離過

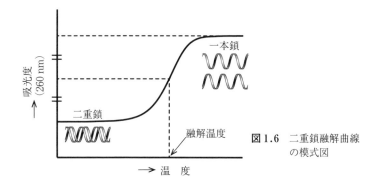

図1.6 二重鎖融解曲線の模式図

程は協同的に起こるため,シグモイド型の曲線が得られ,この中点からT_mを算出することができる。このT_mは二重鎖の安定性を示す指標であり,T_mが高いほど二重鎖が安定ということになる。

二重鎖形成反応は,二つの鎖AとBが1:1で会合する2分子間の平衡反応として記述することができ,T_mは二重鎖形成の平衡定数Kと全DNAの濃度Cから以下のように表現できる。

$$\mathrm{A} + \mathrm{B} \xrightleftharpoons{K} \mathrm{A \cdot B} \quad \left([\mathrm{A}] = [\mathrm{B}] = \frac{C}{2}\right) \tag{1.1}$$

ここで,二重鎖を形成している割合をαとすると,平衡定数Kは

$$K = \frac{2\alpha}{C(1-\alpha)^2} \tag{1.2}$$

$$-RT \ln K = \Delta G = \Delta H - T\Delta S \tag{1.3}$$

式(1.3)に式(1.2)を代入すると,式(1.3)は,狭い温度領域では温度に依存しない定数のΔHとΔS,およびDNAの濃度Cとαで

$$\frac{\Delta H}{T} = \Delta S - R \ln \frac{2\alpha}{C(1-\alpha)^2} \tag{1.4}$$

と変形される。これが温度Tと二重鎖形成比αの関係式で,αを温度Tに対してプロットすると,融解曲線と同様のシグモイドを描く。ここでT_mは$\alpha = 0.5$なので

$$\frac{\Delta H}{T_\mathrm{m}} = \Delta S - R \ln \frac{4}{C} \tag{1.5}$$

となる。すなわち式 (1.5) より、T_m は C および $-\Delta H$ が大きく、$-\Delta S$ が小さいほど高くなる。一般に、配列中の GC 含量が高いほど融解温度は高くなるが、これは $-\Delta H$ の増大で説明できる。それに対し、二重鎖中にミスマッチ (A-T, G-C 以外のペア) が存在すると、水素結合が失われて $-\Delta H$ が減少するために T_m は低下する。また、溶液中の塩濃度 (イオン強度) が高いほど融解温度が高くなることも知られている。この解釈は一般に、二重鎖形成時の静電反発が緩和されるために融解温度が高くなるとされるが、事実ではない。ポリアニオン同士が会合することに伴う対となるカチオン (例えば Na^+) のエントロピー変化の問題であり、高塩濃度では、二重鎖形成に伴う対カチオンのエントロピー減少が緩和される、すなわち $-\Delta S$ が小さくなるために T_m が増大する。もし静電反発の緩和ならばエンタルピー変化 ($-\Delta H$) が増大するが、以下の事実から否定される。

融解曲線は T_m 付近で急激に変化するが、T_m ($\alpha=0.5$) での傾きは

$$\frac{d\alpha_{0.5}}{dT_m} = -\frac{\Delta H}{6RT_m^2} \tag{1.6}$$

と、ΔH のみの関数となる。もし静電反発の緩和による ΔH の寄与が大きければ、塩濃度の増大に伴い融解曲線の傾きが急になりつつ T_m が増加するはずだが、実際には傾きはほとんど変化せずに融解曲線が右側に平行移動するだけである。

1.2.4 DNA と RNA の化学的安定性

DNA と RNA は非常によく似た化学構造をしているが、その化学的安定性は大きく異なる。RNA は 2′ 位にヒドロキシ基が存在することにより DNA と比較して加水分解を受けやすい。特にアルカリ条件下では**図 1.7** に示すような加水分解が進行し、RNA 鎖が切断されてしまう。一方、DNA には 2′ 位にヒドロキシ基がないために、アルカリ条件下でも安定に存在できる。また、DNA はきわめて加水分解を受けにくいことが知られており、pH 7、25℃の条件下でその半減期は実に 200 万年であると見積もられている。DNA は遺伝情報を

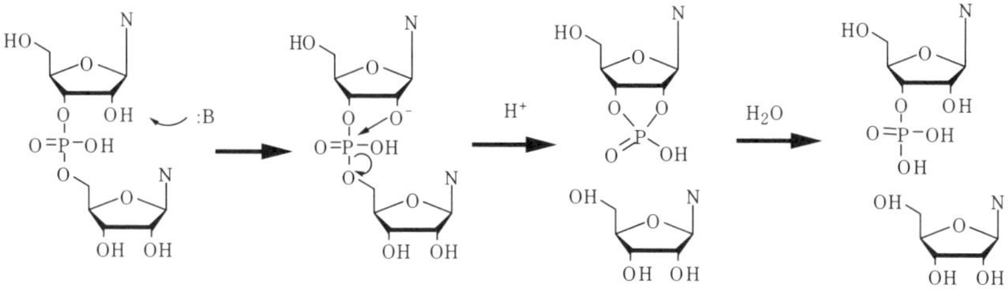

図 1.7 RNA の加水分解の反応機構

担っているために長期間安定に存在する必要があるが，天然 DNA の構造はその条件を見事に満たしているといえる。

1.2.5 核酸自動合成機

1980 年代から 1990 年代にかけての有機化学の進歩により**核酸自動合成機**が開発されたことから，現在ではこれを利用することで，任意の配列をもつ DNA や RNA を安価で迅速に得ることが可能となっている。核酸を化学合成する際には通常**固相合成法**と呼ばれる手法が利用される。この手法は元々後述するペプチド合成のために Merrifield によって開発された手法であり，固体（**固相担体**）上で試薬を反応させることによって核酸を伸長する。固相合成法は液相合成法と比較して未反応試薬や溶媒の除去がきわめて容易であるという利点がある。**図 1.8** に DNA の化学合成の概略を示す。

核酸合成における固相担体としては通常多孔質ガラスが用いられ，通常市販されている固相担体には 3′ 末端のヌクレオシドが結合している。**ホスホロアミダイト法**を使った核酸自動合成機では，1) 脱保護，2) カップリング，3) 酸化，のステップを繰り返すことによって一つずつヌクレオチドを伸長することができる。ここでホスホロアミダイトとはIII価のリンに窒素が結合した誘導体の総称である。反応させるホスホロアミダイトモノマーは 5′ 位のヒドロキシ基がジメトキシトリチル基（DMTr）で保護されており，塩基のアミノ基はアミド系保護基で保護されている（アミノ基をもたないチミンは保護されていない）。まず，脱保護の際には酸性溶液で処理することにより DMTr 基を脱保

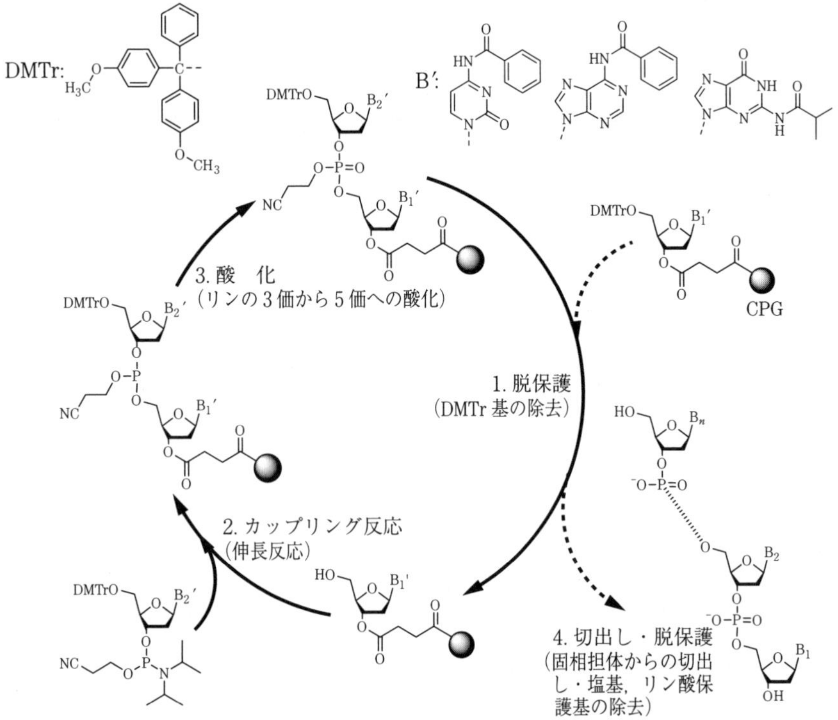

図1.8 DNAの固相合成スキーム（Bは塩基を表し，B′は保護基で保護された核酸塩基を表す）

護する。カップリング時に，望みの塩基をもつモノマーと反応させることによりDNA鎖を伸長させる。核酸の化学合成では3′末端→5′末端の方向に伸長する（生体内における核酸合成と逆の方向）。最後にヨウ素溶液を反応させることによってリンをⅢ価からⅤ価へと酸化する。このステップを繰り返すことによって，任意の配列を合成することができる。完全長のDNAを合成した後は，通常アンモニア水などの塩基性条件下で処理することによって，4）固相担体からの切出し，を行う。また，同時に塩基を保護しているアミド系保護基やリン酸基を保護しているシアノエチル基も脱保護され，目的のDNAを得ることができる。

核酸自動合成機は，1ヌクレオチドを伸長する際の収率は99％以上であり，

100量体程度のDNAを合成することも可能である。また，同様の手法でRNAを合成することもできるが，RNAは2′位にヒドロキシ基をもつため，これを保護したモノマーを用いる必要がある。一般的には酸性条件および塩基性条件に強いシリル系保護基が用いられる場合が多い。さらに，蛍光色素などの非天然分子が結合したモノマーも市販されており，これらを利用すれば非天然分子を共有結合を介して核酸に導入することも可能である。後述するPCRのプライマーやアンチセンス核酸，siRNAはすべて化学合成された核酸分子が用いられており，現代のバイオテクノロジーにおいて核酸の化学合成はなくてはならない技術となっている。

1.2.6 核酸の生物学的機能

DNAは，すべての生物において遺伝情報の担い手として機能しており，細胞内では核の中に存在している。DNAは細胞分裂のたびに複製される必要があり，その際は二重らせんが一本鎖にほどかれ，それぞれの鎖に対し相補的なDNAがDNAポリメラーゼによって合成されることによって**複製**される。タンパク質が合成される際はまず，DNAの塩基配列がRNAの塩基配列にRNAポリメラーゼによって**転写**される。この遺伝情報をもつRNAを**メッセンジャーRNA（mRNA）**と呼ぶ。mRNAは転写された後，核内から細胞質の**リボソーム**に輸送され，そこでmRNAの塩基配列情報に従って，タンパク質が合成される。その際，mRNA3塩基で1アミノ酸を規定することによって，mRNAの塩基配列がタンパク質のアミノ酸配列に変換される。この過程を**翻訳**と呼び，DNAからタンパク質までのこの一連の情報の流れを，この章の最初に述べたようにセントラルドグマと呼ぶ（**図1.9**）。

RNAはmRNA以外にも細胞内でさまざまな機能をもつ種類が知られている。例えばタンパク質を合成する細胞内器官であるリボソームはRNA-タンパク質複合体であり，これを構成するRNAは**リボソームRNA（rRNA）**と呼ばれる。また，翻訳の際にはmRNA塩基配列の認識部位をもち，末端にアミノ酸を結合した**トランスファーRNA（tRNA）**が，RNA配列をアミノ酸に変換

12   1. 生体を構成する代表的な高分子

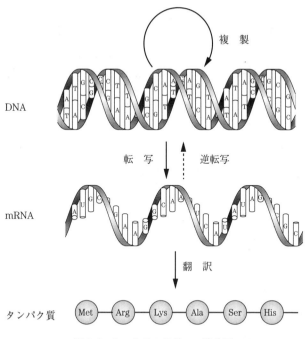

図1.9 セントラルドグマの模式図

する装置として機能する．この他にも，近年タンパク質に翻訳されない**ノンコーディング RNA（ncRNA）**が，多様な機能をもつことが明らかにされ，注目を集めている．

1.2.7　PCR 法

目的の DNA 配列を増幅する際には，1985 年に Mullis によって開発された**ポリメラーゼ連鎖反応（PCR）**が利用される（**図 1.10**）．これはまず熱によって目的 DNA を一本鎖に解離させる（変性）．その後，温度を下げることで 20 塩基程度の化学合成された**プライマー**と二重鎖を形成させ（アニーリング），DNA ポリメラーゼによって DNA を伸長させる．その際，プライマーは目的配列の両端に結合する配列にしておく．アニーリングと伸長反応を繰り返すことによって，目的 DNA を指数関数的に増幅させることができる．Mullis は好熱

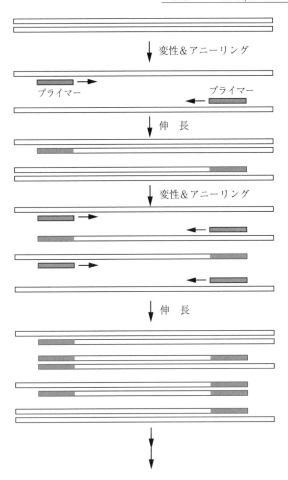

図 1.10 PCR による DNA 増幅の模式図（伸長段階では DNA ポリメラーゼによってプライマーが伸長することで目的 DNA 断片が合成される）

菌から得たポリメラーゼを利用することで，アニーリング時にポリメラーゼを失活させることなく DNA を増幅できることを明らかにした。この PCR はわずかな目的 DNA からでも高い特異性で数百万倍に増幅できるため，バイオテクノロジーをはじめ，遺伝子診断や犯罪捜査などさまざまな分野で必要不可欠な技術となっている。

1.3 アミノ酸・ポリペプチド・タンパク質

生体内では，遺伝情報は DNA が担い，機能はタンパク質が担う。そのタンパク質を構成するのが**アミノ酸**である。アミノ酸はプロリンを除いて NH_2-CH(R)-COOH という化学式で表現され，側鎖 R の異なるアミノ酸が 20 種類存在する。またこれらすべてのアミノ酸は L 体である。アミノ酸が脱水縮合により**アミド結合**（-NH-CO-，**ペプチド結合**ともいう）を生じることでポリペプチドが生成するが，そのアミノ酸が脱水縮合する順番（＝配列）は，1.2.6 項で解説したように，mRNA を通じて DNA の配列としてプログラムされている。タンパク質は，複数のポリペプチド鎖で構成されていることが多い。

1.3.1 アミノ酸

まず**表 1.1** に，アミノ酸側鎖の構造および側鎖の性質をまとめて記す。20 種類の天然のアミノ酸は，以下の三つに大別される。

1. 非極性（疎水性）アミノ酸
2. 極性（親水性）無電荷アミノ酸
3. 極性（親水性）電荷アミノ酸

アミノ酸は生理条件下では**両性イオン**（NH_3^+—CH(R)—COO^-）として存在する。しかし主鎖のアミノ基とカルボキシ基はペプチド結合を形成すると電気的に中性になるので，側鎖の荷電状態，すなわち側鎖の pKa のほうが重要である。例えばアスパラギン酸の側鎖のカルボキシ基の pKa は 3.90 なので，生理的条件下（pH 7 付近）では実質解離して -COO^- となっている。

なお，表 1.1 で示したのはアミノ酸単量体の側鎖の pKa であり，ポリペプチド鎖中で同じ pKa をとるとはかぎらない。またタンパク質が折り畳まれて側鎖が疎水環境中に置かれた場合は，特に注意する必要がある。これら 20 種類のアミノ酸の中で，特徴のあるいくつかについて簡単に解説を加えておく。

（1） **システイン**　　**チオール基**（-SH）を側鎖にもつシステインは，酸化

1.3 アミノ酸・ポリペプチド・タンパク質

表 1.1 天然の L-アミノ酸の構造と物性

名 称[*1]	$\begin{array}{c}COO^-\\H-C-R\\NH_3^+\end{array}$ の R =[*2]	名 称[*1]	R =
グリシン Gly(G)	—H 非極性	トレオニン Thr(T)	$-\overset{H}{\underset{OH}{C}}-CH_3$ 極性無電荷
アラニン Ala(A)	—CH$_3$ 非極性	アスパラギン Asn(N)	$-CH_2-\underset{O}{\overset{}{C}}-NH_2$ 極性無電荷
バリン Val(V)	$-CH\overset{CH_3}{\underset{CH_3}{}}$ 非極性	グルタミン Gln(Q)	$-CH_2CH_2-\underset{O}{\overset{}{C}}-NH_2$ 極性無電荷
ロイシン Leu(L)	$-CH_2\cdot CH\overset{CH_3}{\underset{CH_3}{}}$ 非極性	チロシン Tyr(Y)	-CH$_2$-⟨◯⟩-OH 極性無電荷(10.46)
イソロイシン Ile(I)	$-\overset{CH_3}{\underset{}{CH}}CH_2CH_3$ 非極性	システイン Cys(C)	—CH$_2$SH 極性無電荷(8.37)
メチオニン Met(M)	—CH$_2$CH$_2$SCH$_3$ 非極性	リシン Lys(K)	—CH$_2$CH$_2$CH$_2$CH$_2$NH$_3^+$ 極性電荷(10.54)
プロリン Pro(P)	$^-OOC\underset{H}{\overset{}{\underset{N}{C}}}\underset{H_2}{\overset{H_2}{\underset{CH_2}{C}}}CH_2$ 非極性	アルギニン Arg(R)	$-CH_2CH_2CH_2\cdot NH-C\overset{NH_2}{\underset{NH_2}{}}$ 極性電荷(12.48)
フェニルアラニン Phe(F)	-CH$_2$-⟨◯⟩ 非極性	ヒスチジン His(H)	-CH$_2$-⟨N-imidazole⟩ 極性電荷(6.04)
トリプトファン Trp(W)	-CH$_2$-⟨indole⟩ 非極性	アスパラギン酸 Asp(D)	—CH$_2$COO$^-$ 極性電荷(3.90)
セリン Ser(S)	—CH$_2$OH 極性無電荷	グルタミン酸 Glu(E)	—CH$_2$CH$_2$COO$^-$ 極性電荷(4.07)

[*1] 日本語の名称,および欧文3文字表記(かっこ内は1文字表記).
[*2] かっこ内は側鎖の pKa.

により別のシステインと結合して**ジスルフィド結合**（―S-S―）を形成する。これによってタンパク質の高次構造を安定化することができる。毛髪（ケラチン）は多くのシステインを含んでおり，ジスルフィド結合で架橋することにより強度を増している。

なおチオール基のpKaは8.37と，エタノールなどアルコールのpKa（〜16）よりはるかに低いので，pHが塩基性側に振れると容易にチオレートイオンになり，高い求核性をもつ。チロシン側鎖のフェノール性ヒドロキシ基のpKa（10.46）より2ユニットも小さいことに注意してほしい。また還元性をもつことから，**アスコルビン酸（ビタミンC）**とともに天然由来の添加物として化粧品などに用いられている。

(2) **ヒスチジン** 　側鎖のイミダゾール基のpKaは7付近（6.04）にあるので，生理条件ではプロトン化と脱プロトン化した状態の両方を取り得る。そのためタンパク質内でプロトン移動を促進することができ，酵素の活性中心に存在することが多い。

(3) **プロリン** 　アミノ酸の中で唯一，二級アミノ基を有しており，表1.1に記したように環状構造をもつ。そのためアミノ酸の中で最もコンフォメーションが制限されている。

(4) **グルタミン酸** 　ナトリウム塩は化学調味料として市販されており，イノシン酸やグアニル酸とともにうま味物質の一つである。

(5) **トリプトファン** 　芳香族性をもつ疎水性のアミノ酸で，唯一蛍光を発するアミノ酸である。蛍光色素の消光剤として機能することもある。

1.3.2　ポリペプチド，タンパク質

アミノ酸が脱水縮合して得られるのが**ポリペプチド**である。アミノ酸が複数ペプチド結合で重合していれば，一般的には鎖長に関係なくポリペプチドという。それに対して生体内で合成される機能をもったポリペプチドが**タンパク質**と呼ばれている。

一般にタンパク質（ポリペプチド）は，一次構造から四次構造まで存在す

る。**一次構造**は，DNAと同様に，モノマーであるアミノ酸の配列を示す。**二次構造**は，基本となる折り畳み構造を示す。

ポリペプチドのアミド結合は，**図1.11**（a）のような共鳴構造をとることができるため，窒素原子がsp^2性を帯びている。またカルボニル基の酸素と窒素原子上の水素は，トランスのコンフォメーションをとったほうが安定である。その結果，-C(=O)-NH-は右図のように堅牢な平面構造をとる。

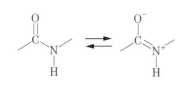 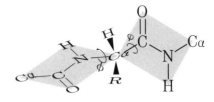

(a) アミド結合の共鳴構造　　(b) ポリペプチド主鎖の自由回転可能な N-Cα 結合軸と Cα-C 結合軸

図1.11 アミド結合の共鳴構造とポリペプチド主鎖の自由回転な結合軸

一方 Cα 炭素（側鎖 R が結合している炭素原子）は sp^3 性を維持しているので，Cα との結合軸に対して自由に回転することが可能となる。すなわち N-Cα まわりと Cα-C まわりの二つの角度で主鎖のすべてのコンフォメーションを記述できることになる。具体的には，図（b）で C-N-Cα および N-Cα-C それぞれがつくる面同士の二面角を ϕ（ファイ），N-Cα-C と Cα-C-N それぞれがつくる面同士の二面角を ψ（プサイ）と定義する。

実際には ϕ と ψ が任意の角度をとれるわけではなく，側鎖の立体障害のため可能な ϕ と ψ の組合せは制限される。この可能な ϕ と ψ の組合せを示したグラフを**ラマチャンドランダイヤグラム**（Ramachandran diagram）あるいは**ラマチャンドランプロット**という。最も自由度の高いアミノ酸は，側鎖がHのグリシンであり，逆に最も自由度が制限されているのがプロリンである。

特定の ϕ と ψ の組合せをもつ典型的な二次構造は，以下の α ヘリックスと β シートである。

(1) α ヘリックス（図1.12）　　一本鎖で右巻きらせんを形成し，3.6 残基

1. 生体を構成する代表的な高分子

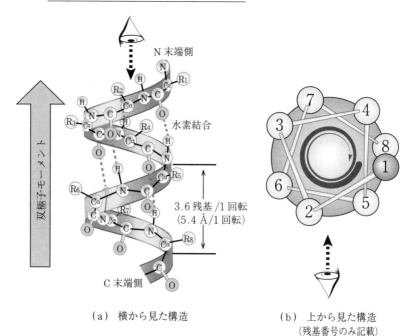

(a) 横から見た構造 (b) 上から見た構造
                     (残基番号のみ記載)

図1.12 αヘリックスの構造

(5.4 Å) で1回転する。ϕ と ψ はそれぞれ $-57°$ と $-47°$ である。αヘリックスは4残基先にあるアミド結合の水素とカルボニル基間の水素結合で安定化される。例えば図1.12(a)で，1残基目のカルボニル基の酸素と5残基目のアミドの水素が水素結合している。この水素結合により，C=Oの向きはαヘリックスのらせん軸のN末端からC末端方向にそろう。

C=Oは図1.11(a)のように分極しているので，αヘリックスはC末端からN末端方向に強い双極子モーメントをもつ。また二巻きで7.2残基なので，7残基ごとに側鎖がほぼ同じ方向を向く。すなわち図(b)で，1残基目と8残基目がほぼ同じ位置に来る。

(2) **βシート（図1.13）**　鎖がほぼ伸びきった状態になり，二つのポリペプチドがアミド結合のカルボニルと水素間の水素結合を介して平行，または逆平行に並んだ構造である。側鎖はβシートに対して垂直方向に出る。隣接

1.3 アミノ酸・ポリペプチド・タンパク質

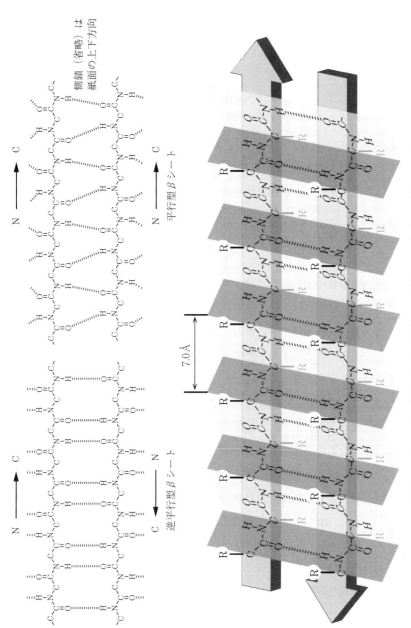

図 1.13 βシートの構造（図中の矢印は N 末端から C 末端への方向を示す）

するアミノ酸残基のCα間の距離は3.5 Åである。したがって，同じ向きの側鎖間の距離は7.0 Åである。

　シート構造は，αヘリックス同様，主鎖のアミド結合の水素とカルボニル間の水素結合により安定化される。また図1.13のように，βシートは平板ではなく"ひだ"状なので，**βプリーツシート**（β pleat sheet）ともいう。なおφとψは，平行型で−119°と113°，逆平行型で−139°と135°である。

　三次構造とは，単一のポリペプチド鎖の形成する二次構造がさらに折り畳まれてできる複雑な立体構造（**サブユニット**）を示し，**四次構造**は三次構造をもった複数のポリペプチド鎖（サブユニット）がさらに会合してできた複合体である。例えばヘモグロビンは，α鎖（αサブユニット）とβ鎖（βサブユニット）の2種類のポリペプチド鎖が2本ずつ会合した四次構造をもっている。この場合，α鎖およびβ鎖それぞれの立体構造が三次構造である。このように三次構造までが1本のポリペプチド鎖の構造であり，四次構造は複数のポリペプチド鎖で構成されていることに注意してほしい。

　タンパク質は，いわば1本のひも状の高分子であるが，機能を発現するためには特定の構造に折り畳まれる必要がある。タンパク質が折り畳まれる過程のことを**フォールディング**（folding）という。

　Anfinsenは，Ribonuclease Aという酵素に尿素を加えて変性させた後（すなわち酵素機能を失わせた後），透析で尿素を取り除くと元の活性を取り戻すことを見出した。この事実から，Anfinsenは「アミノ酸配列さえ決まればフォールディングする構造は自動的に決まる」，言い方を変えれば，「タンパク質の立体構造は，そのひも状高分子が最も安定な状態に落ち着く」という考え方を提唱した。これを**Anfinsenのドグマ**といい，いまでもタンパク質のフォールディングの基礎となっている。

　しかし現実にはそれほど単純ではなく，フォールディングの途中で疎水性残基同士が分子間で凝集してしまうため，本来のフォールディングが起きない場合もある。例えばゆで卵のように，高温状態にさらされると不可逆的な凝集が起き，タンパク質は変性してしまう。細胞内では，このような不可逆的な凝集を

避け，タンパク質を正しくフォールディングさせるための**分子シャペロン**が存在する。分子シャペロンはフォールディングを助けるために存在するタンパク質で，それ自身がタンパク質の最終成分になることはない。

1.3.3 ペプチドの固相合成

ポリペプチドはDNAと同様に化学合成が可能である。しかし特定の配列をもったポリペプチドを液相合成するには多大な労力とコストがかかるため，一般的にはDNAと同様に固相合成法が用いられる。固相合成法の長所は，DNAの固相合成でも述べたとおり未反応基質や反応溶媒の除去および精製が圧倒的に簡単なことであり，配列が制御された不純物を含まないポリペプチドを少量多品種合成するのに適している。

天然のアミノ酸は20種類存在するので，配列設計でほぼ無限の組合せが可能になる。例えば30残基程度の短いタンパク質でも，1.07×10^{39}（20^{30}）種類も存在する。もし30残基の短鎖タンパク質すべてを1 mgずつ合成した場合でも，総重量は1.07×10^{33} kgという莫大な量となり，地球の質量（6.0×10^{24} kg）をはるかに超えることになる。つまりわずか30残基のタンパク質でさえ最適化された配列とはいい難い。わずか6量体でも$20^6 = 6.4 \times 10^7$種類存在するので，なにか機能をもった短鎖ペプチドを探索する場合には，なるべく多くの配列を試したほうが好都合であり，このような目的には固相合成が必須である。

ペプチドの固相合成法には，*tert*-Butyloxycarbonyl（Boc）基で保護したアミノ酸をモノマーに用いる方法（**Boc法**）と，Fluorenylmethoxycarbonyl（Fmoc）基で保護したアミノ酸を用いる方法（**Fmoc法**）がある。Boc法とFmoc法の大きな違いは，アミノ基の脱保護条件と，生成したペプチドの固相担体からの切出し方法にある。

図1.14(a)に示すようにBoc法ではBoc基の除去にトリフルオロ酢酸（TFA）を用い，固相担体からの切出しには無水フッ化水素を用いる。ペプチドを塩基性条件下にさらすことがないのでラセミ化の心配はないが，フッ化水

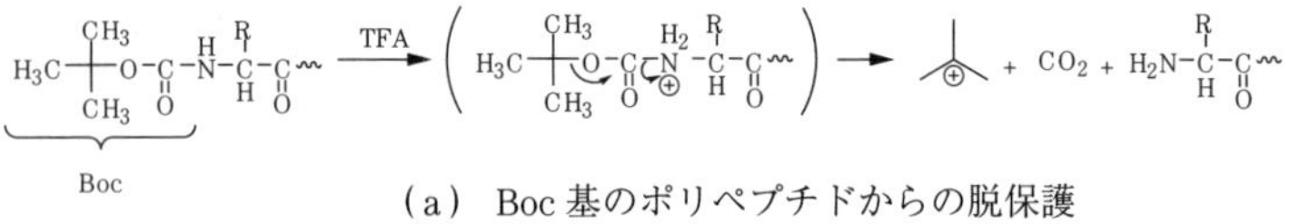

(a) Boc基のポリペプチドからの脱保護

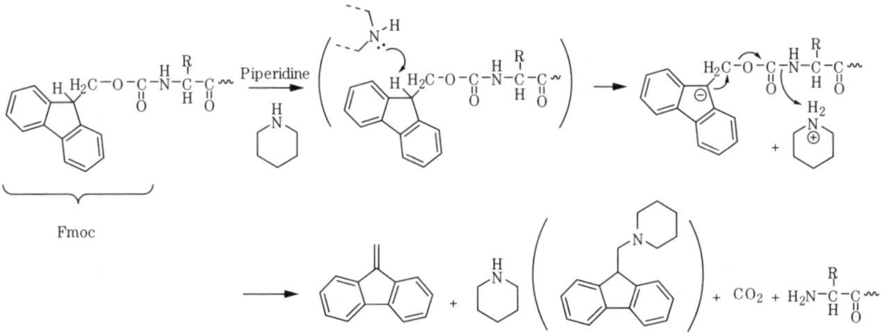

(b) Fmoc基のポリペプチドからの脱保護

図1.14 Boc基とFmoc基のポリペプチドからの脱保護

素のような強酸を使用しなければならない。一方のFmoc法ではFmoc基の除去にピペリジンを使用し（図(b)），切出しの際にTFAを使用する。

塩基性のピペリジンを使用するので一部のアミノ酸がラセミ化する恐れがあるものの，フッ化水素を使う必要がないのでBoc法よりFmoc法のほうが好まれる。以下，Fmoc法を例にとってペプチドの固相合成法を簡単に説明する（**図1.15**）。

まずFmoc保護したアミノ酸を，**ジシクロヘキシルカルボジイミド**（N,N'-Dicyclohexylcarbodiimide, **DCC**）と1-**ヒドロキシベンゾトリアゾール**（1-hydroxybenzotriazole, **HOBt**）を用いて活性化し，エステル結合で樹脂に固定化する。つぎにアミノ基を保護しているFmoc基をピペリジン処理で除去する。先ほどと同様に，DCC/HOBtで活性化したFmoc保護アミノ酸を加えて樹脂上にアミノ酸を伸長させる。

この操作を繰り返すことで目的とする配列をもつペプチドを伸長させたのち，最後にTFA処理により樹脂から切り出す。この後，高速液体クロマトグラフィー（HPLC）で精製して，目的とするペプチドを得る。なお反応性の側

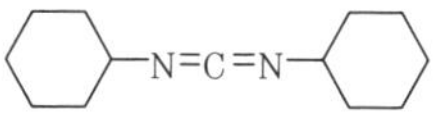

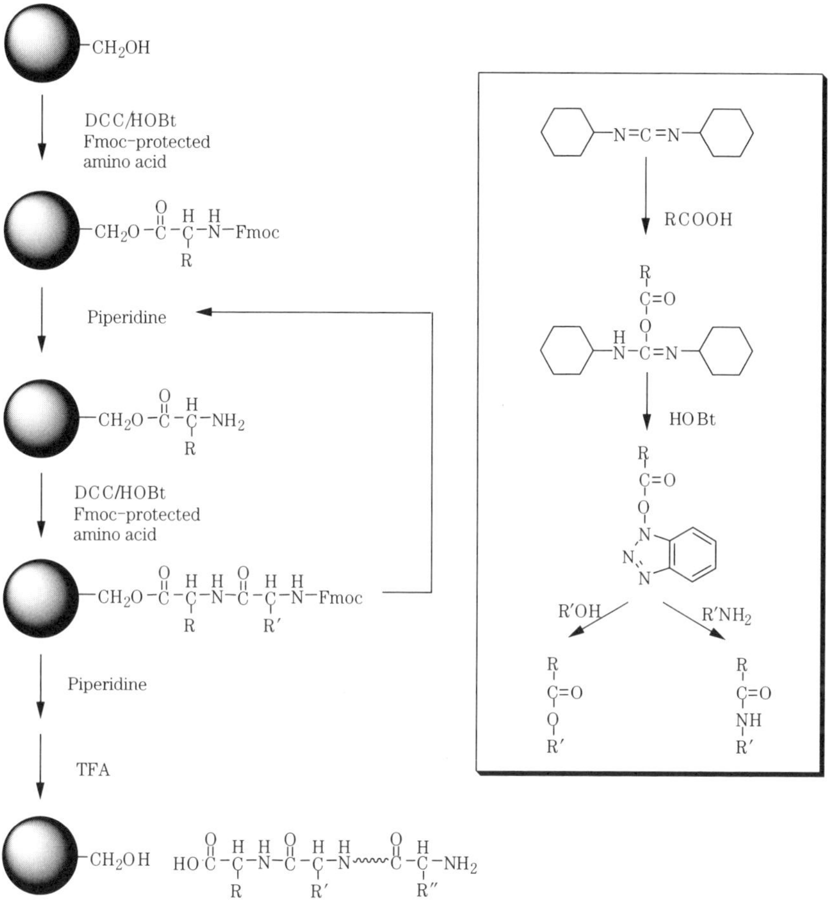

図 1.15 ポリペプチドの固相合成法（Fmoc 法）

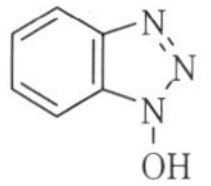

鎖をもつアミノ酸をモノマーに用いる場合は，適切に保護された Fmoc アミノ酸を用いる必要がある。

1.4　糖　　　鎖

核酸，タンパク質とともに主要な生体高分子の一つである**糖質**（**糖鎖**）は幅広い役割を担っている。第一に糖質はエネルギー源であることが挙げられる。また糖が多数連なった**多糖**は細菌や植物の細胞壁の成分であり，タンパク質や脂質と結合して機能する**複合糖質**は，他の構成分子との相互作用を媒介する分子として働いている。このような多様な機能をもつ糖鎖の重要な特徴は，大きさや性質の違うさまざまな単糖が結合することによって，構造が多様であることが挙げられる。

1.4.1　単　　　糖

糖の基本単位である**単糖**は $(C \cdot H_2O)_n$（n は 3～9）と文字どおり'炭水化物'として表される**ポリヒドロキシアルデヒド**または**ポリヒドロキシケトン**であり（図 1.16），一方の末端にはヒドロキシメチル基，もう一方の末端にアルデヒド基をもつものを**アルドース**と呼び，ケトン基をもつものは**ケトース**と呼ぶ。炭素原子数によってトリオース，テトロース，ペントース，ヘキソースと呼ぶ。

(a) D-グリセルアルデヒド　　(b) ジヒドロキシアセトン
　　（アルドトリオース）　　　　　（ケトトリオース）

図 1.16　最も炭素数の少ない D-アルドースと D-ケトースの構造

ジヒドロキシアセトンを除き，すべての単糖は少なくとも一つの不斉炭素原子をもち，その総数は内部の CHOH 基の数と等しい。すなわち一般に炭素 n 個のアルドース 2^{n-2} 個の立体異性体をもっていることになる。それぞれの糖の D 体か L 体かの立体配置は，カルボニル基から最も遠い位置にある立体中心の絶対配置によって決定し，D-グリセルアルデヒドと同じ場合に D 体とし

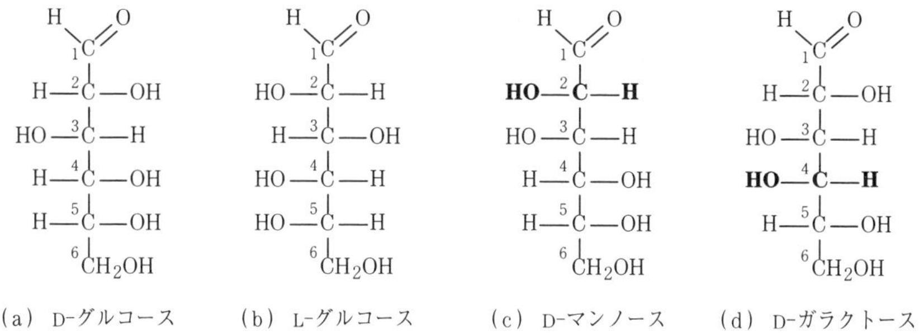

1.4 糖鎖

(a) D-グルコース (b) L-グルコース (c) D-マンノース (d) D-ガラクトース

図 1.17 単糖の D 体と L 体およびエピマー構造

て定める（**図 1.17**）。

また，1 箇所の不斉炭素原子の立体配置が異なる 2 種類の糖は**エピマー**と呼び，D-マンノースは D-グルコースの C2 エピマーであり，D-ガラクトースは D-グルコースの C4 エピマーである（図 1.17）。

単糖は溶液中では**図 1.18** に示したように，非環状構造と環状構造が平衡に達した混合物として存在している。単糖の環状構造は，ヒドロキシ基のうちの 1 個と C1 アルデヒトまたはケトンとの反応により形成された**ヘミアセタール**

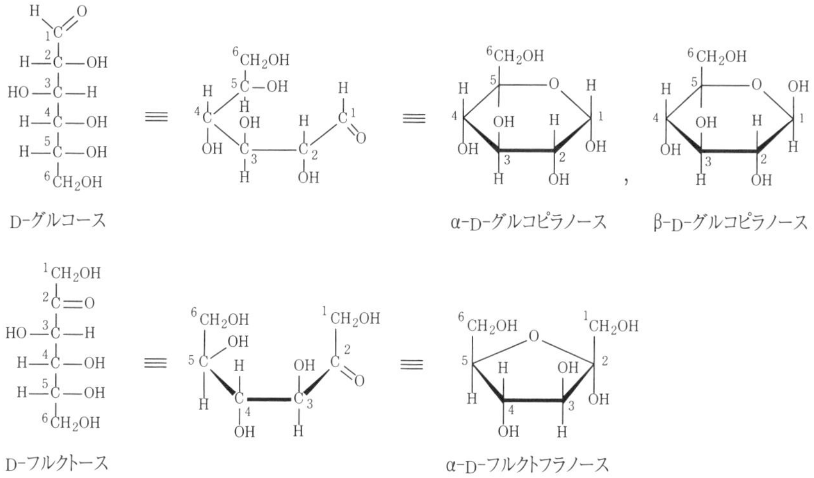

D-グルコース   α-D-グルコピラノース   β-D-グルコピラノース

D-フルクトース   α-D-フルクトフラノース

図 1.18 単糖の直鎖構造と環化構造

基によって特徴づけられる。一般にアルドヘキソースは C1-O-C5 の六員環を，ケトヘキソースは C2-O-C5 の五員環を形成する。五員環ヘミアセタールは**フラノース**，六員環ヘミアセタールは**ピラノース**と呼ばれる。

環化すると単糖にはさらにカルボニル炭素原子に由来する不斉中心ができ，この炭素を**アノマー炭素**と呼ぶ。アノマー炭素に結合するヒドロキシ基は2種類の配座をとる可能性がある。このときアノマー炭素から最も遠い立体中心をもつ炭素と，アノマー炭素の立体配置が同じであった場合，**αアノマー**と定義され，立体配置が異なる場合には**βアノマー**と定義される（図1.18）。

環の飽和炭素原子は四面体形配置をとるため，環構造は平らではない。六員環のピラノースでは**いす形配座**と**舟形配座**の2種類の立体配座のいずれかをとる（**図1.19**）。どちらが安定かは置換基の立体的な関係による。

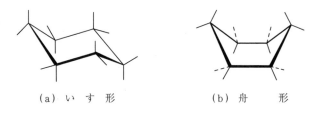

(a) いす形　　　(b) 舟　形

図1.19 六員環の構造

また，平衡状態の単糖は，アルデヒドあるいはケトン型の非環状の単糖が存在しているため，これらを酸化することができる。アルドースのアルデヒド基が酸化されることで生成されるカルボン酸は**グリコン酸**（**アルドン酸**ともいう）と呼ばれる。銀鏡反応は酸化可能な糖部分をもつものを検出する標準的な方法である。アルドースの第一級アルコール基を特異的に酸化したものは**ウロン酸**と呼ぶ。ウロン酸である D-グルクロン酸，D-ガラクツロン酸は多糖の成分として重要である。

1.4.2 グリコシド結合

単糖と単糖がグリコシド結合によって連結されると二糖構造ができる。**グリ**

コシド結合は，一般に一つのアノマー炭素ともう一方の単糖のヒドロキシ基の間に形成される．その際に，結合の仕方によって多様な異性体が形成されうる．まず，ヘミアセタールと同様にグリコシド結合にはαとβの2種類の立体異性体が存在する．さらに，糖はヒドロキシ基を多くもつため，複数の位置異性体が可能である．例えば，グルコースが二糖結合した場合には，α1-4結合ではマルトース，β1-4結合ではセロビオースとなる（図1.20）．

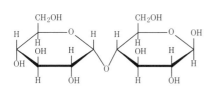
（a） α-D-グルコピラノシル-(1-4)-D-グルコース，マルトース

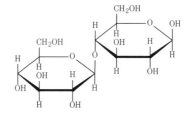
（b） β-D-グルコピラノシル-(1-4)-D-グルコース，セロビオース

図1.20 結合様式の異なるグルコース二糖構造

α結合，β結合の違いは結果としてまったく異なった3次元構造を示すことが知られており，グルコースの多糖でありα1-4結合で連なったアミロースは左巻きのらせん構造を形成し，β1-4結合で多数連結しているセルロースは直線状である．β結合によってできる直鎖は強い抗張力をもつため，繊維として適している．

1.4.3 多 糖 類

多糖はあらゆる生物にとって主要な構成成分であり，最も多量に存在する有機化合物である．グルコースの多糖であるアミロースやセルロースは，食品や社会生活に欠くことのできない材料となっている．また2番目に豊富に存在する**キチン**は，N-アセチルグルコサミンがβ1-4結合で連なった多糖であり，節足動物の外皮や真菌類の細胞壁を構成する分子である．

また，キチンの部分脱アセチル体である**キトサン**も自然界に広く分布してい

る。キチンは N-アセチルグルコサミンの原料となるばかりでなく，創傷被覆材として利用されている。またキトサンは抗菌活性や低コレステロール効果をもたらす生理活性物質として，応用が着目されている。

グリコサミノグリカンは，軟骨，皮膚，血管壁などの細胞間スペースに存在する細胞間物質を構成する多糖である。グリコサミノグリカン（**ムコ多糖**ともいう）は，ウロン酸とヘキソサミンの残基がつながった直鎖の多糖である。グリコサミノグリカンの溶液は粘性や弾性が大きく粘液状である。グリコサミノグリカンの中で代表的なものであるヒアルロン酸は，D-グルクロン酸と N-アセチル-D-グルコサミンが β1-3 結合した二糖が，β1-4 結合で〜25 000 も連なった多糖である（**図 1.21**）。

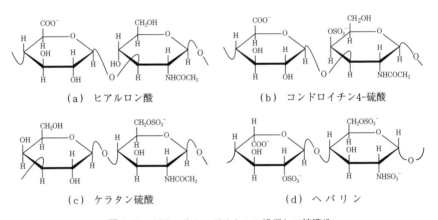

図 1.21　グリコサミノグリカンの繰返し二糖構造

同様に細胞間物質として存在するグリコサミノグリカンとして，コンドロイチン硫酸，デルマタン硫酸，ケラタン硫酸，ヘパリンが知られている（図1.21）。これらの多糖は**プロテオグリカン**として，通常コアタンパク質上に O 結合型糖鎖として存在している。また，ヒアルロン酸はリンクタンパク質を介して非共有的にコアタンパク質と結び付いている。結果としてヒアルロン酸に 100 分子程度のコアタンパク質が会合し，そのコアタンパク質にはケラタン硫酸やコンドロイチン硫酸が数十〜百本付いた巨大分子として存在していること

になる。

　グリコサミノグリカン類は，陰イオン基が多数存在しているため，溶液中では乾燥状態の1000倍の体積となり，高度に水和された分子である。そのため，粘弾性に優れ，生体で衝撃吸収と潤滑の役割を果たすことができる。軟骨の弾性はこのプロテオグリカンに由来するものである。また，生体分子の機能を調整する機能も知られており，ヘパリンの中には，アンチトロンビンと特異的に結合することでトロンビンを阻害する作用を促進し，抗凝血物質として働く分子種が存在する（4.6.2項 参照）。

1.4.4　複合糖質

　タンパク質や脂質に結合し複合糖質として存在する糖鎖は，第三の生命鎖と呼ばれている。糖鎖はタンパク質の安定性の向上といった物理化学的な作用をもたらすだけでなく，発生，分化，神経発達などのさまざまな生命現象に関わっている。一方で，インフルエンザウイルスの感染やガン細胞の浸潤において細胞表面の糖鎖が関連していること，また糖鎖の構造異常や糖鎖形成不全がさまざまな疾患を引き起こすことがわかっている。

　糖鎖を構成する主な単糖構造を**図1.22**に示した。糖鎖はこれらの糖がグリコシド結合で連なったものである。タンパク質の一次構造は遺伝子によって決定されているが，糖鎖の構造は遺伝情報には載っておらず，タンパク質のように配列を予測することは難しい。なぜなら糖鎖は，細胞内に存在する糖転移酵素や糖分解酵素が，タンパク質や脂質に連続的に反応することによって生じているためである。

　糖鎖の生合成に関わる酵素の発現は組織特異的でさらに環境依存性があることに加えて，酵素による反応は完全ではないため，同じ分子に結合している糖鎖であってもその構造は均一ではなく，多様な構造をとりうる。また，糖鎖修飾がつねに起こるとはかぎらないため，タンパク質や脂質に付加された糖鎖の修飾部位も不均一である。

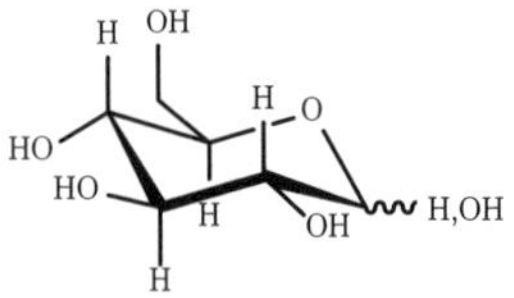

(a) グルコース(Glc) 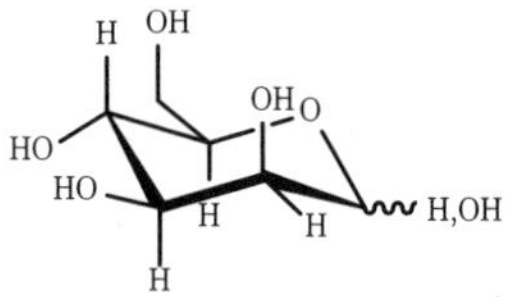　　(b) マンノース(Man) 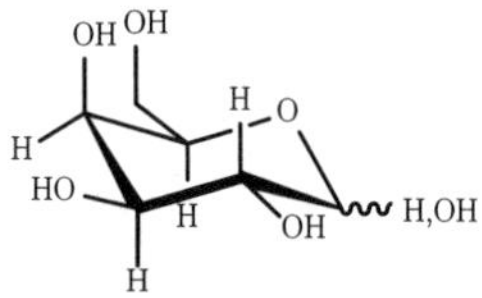　　(c) ガラクトース(Gal)

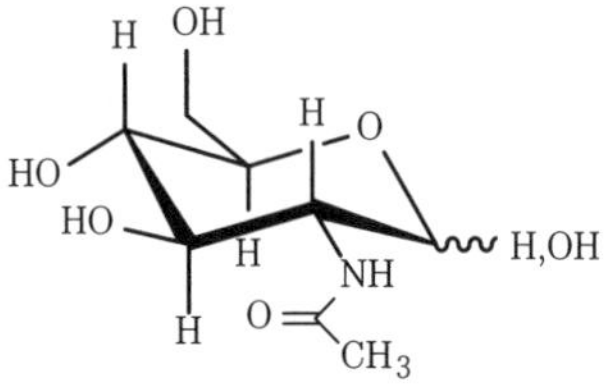

(d) N-アセチルグルコサミン(GlcNAc) 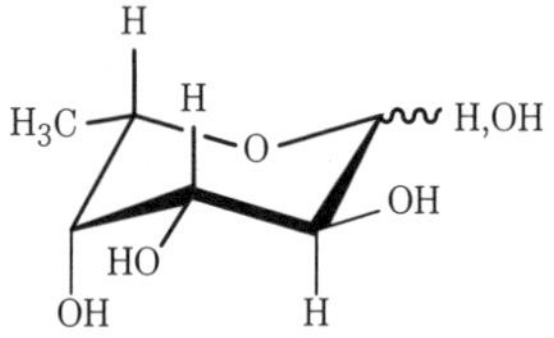　　(e) フコース(Fuc)

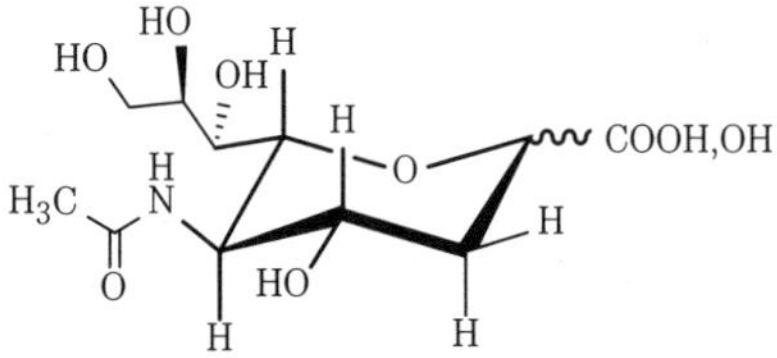

シアル酸(**Sia**)
(f) N-アセチルノイラミン酸(NeuAc)　　(g) N-グリコリルノイラミン酸(NeuGc)

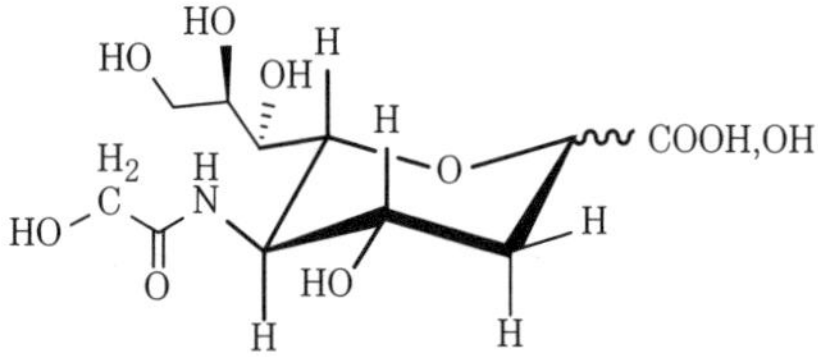

図1.22　複合糖質を構成する主な単糖

1.4.5　タンパク質に結合する糖鎖

　細胞内で糖鎖の生合成は，タンパク質の分泌経路において起こることがわかっている。糖鎖の修飾は主に小胞体やゴルジ体の内腔側に局在するタンパク質，膜タンパク質，分泌タンパク質に見られる。タンパク質に結合する糖鎖はその結合様式により **N結合型糖鎖** と **O結合型糖鎖** に大別される。

　N結合型糖鎖は，一次構造上のコンセンサス配列である -Asn-X-Thr/Ser- (Xはプロリン以外)のアスパラギンの側鎖に，アミド結合で共有結合したものである。N結合型糖鎖は，マンノース3残基とN-アセチルグルコサミン2残基からなる共通のコア構造をもつが，構成する糖残基の特徴によって**高マン**

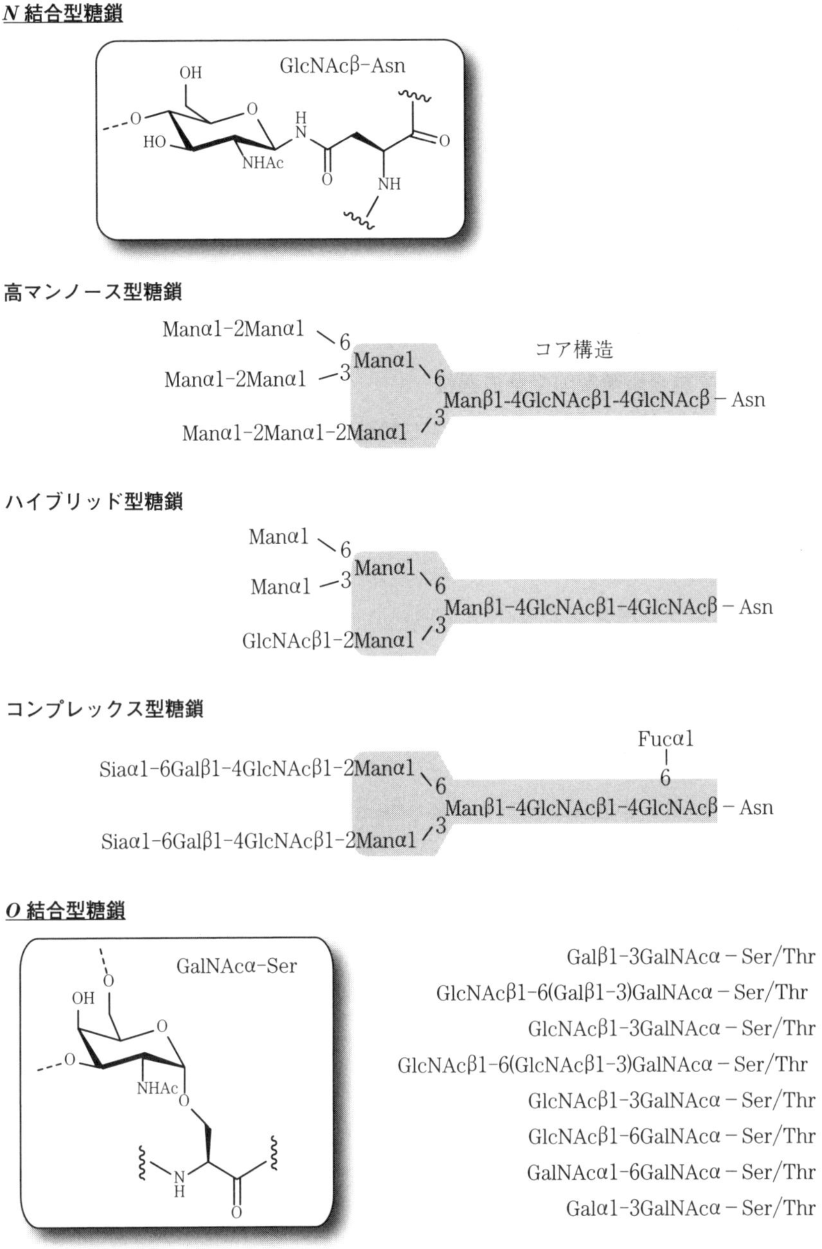

1.4 糖鎖

N 結合型糖鎖

GlcNAcβ-Asn

高マンノース型糖鎖

```
Manα1-2Manα1      6
                   \
Manα1-2Manα1 -3 Manα1  コア構造
                       \6
                        Manβ1-4GlcNAcβ1-4GlcNAcβ-Asn
                       /3
Manα1-2Manα1-2Manα1
```

ハイブリッド型糖鎖

```
Manα1          6
                \
Manα1 -3 Manα1
              \6
               Manβ1-4GlcNAcβ1-4GlcNAcβ-Asn
              /3
GlcNAcβ1-2Manα1
```

コンプレックス型糖鎖

```
                                        Fucα1
                                          |
Siaα1-6Galβ1-4GlcNAcβ1-2Manα1 \6         6
                               Manβ1-4GlcNAcβ1-4GlcNAcβ-Asn
Siaα1-6Galβ1-4GlcNAcβ1-2Manα1 /3
```

O 結合型糖鎖

GalNAcα-Ser

Galβ1-3GalNAcα-Ser/Thr
GlcNAcβ1-6(Galβ1-3)GalNAcα-Ser/Thr
GlcNAcβ1-3GalNAcα-Ser/Thr
GlcNAcβ1-6(GlcNAcβ1-3)GalNAcα-Ser/Thr
GlcNAcβ1-3GalNAcα-Ser/Thr
GlcNAcβ1-6GalNAcα-Ser/Thr
GalNAcα1-6GalNAcα-Ser/Thr
Galα1-3GalNAcα-Ser/Thr

図 1.23 タンパク質に結合する糖鎖の分類

ノース型糖鎖，コンプレックス型糖鎖，ハイブリッド型糖鎖に分類される（図1.23）。

　O結合型糖鎖は，セリンあるいはトレオニンの側鎖に結合した糖鎖であるが，N結合型糖鎖とは異なり糖鎖付加を規定するアミノ酸配列は特にない。代表的なコア構造として，N-アセチルガラクトサミン（GalNAc）がアミノ酸の側鎖に結合した構造が知られているが，それ以外にもさまざまなバリエーションがある。

1.4.6　N結合型糖鎖の生合成過程

　N結合型糖鎖をタンパク質に転移する**糖転移酵素**は小胞体のトランスロコンと結合しており，小胞体上で翻訳途中の新生ポリペプチド鎖のコンセンサス配列上に糖鎖を丸ごと転移する。このとき転移される糖鎖は，いずれのタンパク質においても共通しており，グルコース3残基，マンノース9残基，N-アセチルグルコース2残基をもつ三つに分岐した構造の高マンノース型糖鎖である（図1.24(a)）。その後，図(b)に示したように，小胞体内でグルコシダーゼ，マンノシダーゼの作用を受けてグルコース残基やマンノース残基が末端から1残基ずつ刈り取られ，糖鎖は短鎖化される。

　糖タンパク質が小胞体からゴルジ体へ輸送された後もゴルジ体内に存在するマンノシダーゼによる作用を受け，さらに糖鎖は短くなる。いったん短くなった糖鎖は，その後N-アセチルグルコサミン転移酵素，ガラクトース転移酵素，フコース転移酵素，シアル酸転移酵素によって1残基ずつ糖残基が付加されていくことで，糖鎖は再構築される。

　小胞体内の糖鎖のプロセシング過程は，種間でおおよそ同じであるが，ゴルジ体以降の糖鎖の再構築過程においてはまったく異なっている。酵母ではマンノース転移酵素によりさらなるマンノースの付加を受ける。植物においてはキシロース残基の付加，昆虫ではパウチマンノース型の糖鎖が特徴的である。同じ哺乳類であるマウスとヒトでも，糖転移酵素の違いから，糖鎖構造には異なる部分が存在する。

1.4 糖　　　　鎖

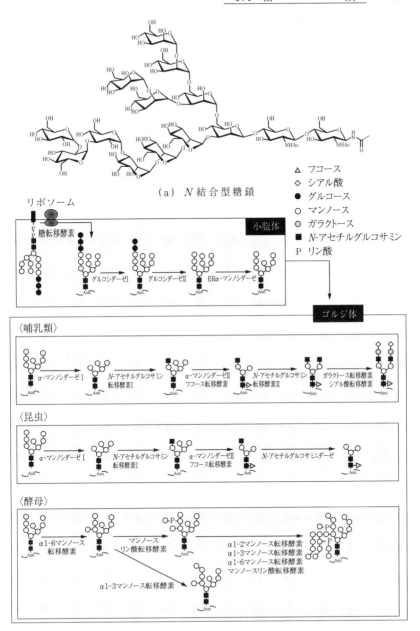

(a) N結合型糖鎖

△ フコース
◇ シアル酸
● グルコース
○ マンノース
◎ ガラクトース
■ N-アセチルグルコサミン
P リン酸

(b) 細胞内生合成過程

図1.24　N結合型糖鎖の細胞内生合成過程

1.4.7 O 結合型糖鎖

タンパク質は，N 型糖鎖の修飾とともに O 結合型糖鎖の修飾も受ける。O 結合型糖鎖の付加が起こるのは，ゴルジ体に局在する糖転移酵素の働きによるものである。タンパク質のトレオニンあるいはセリンの側鎖に糖が 1 残基付加されることで，O 結合型糖鎖の生合成が始まる。

通常，セリン/トレオニンに結合する糖鎖は O-GalNAc 構造であるが，N-アセチルガラクトサミン，マンノース，フコース，ガラクトース，グルコース，N-アセチルグルコサミンも結合できるとわかっている。その後，酵素の働きによってさまざまな糖残基が 1 残基ずつ付加されていくことで O 結合型糖鎖は伸長し，多様な構造が生み出される。O 結合型糖鎖の生合成経路は規則性に乏しいため，N 結合型糖鎖のような特定のコア構造はない（図 1.23）。

1.4.8 脂質に結合する糖鎖

高等生物において糖脂質は，セラミドにガラクトースあるいはグルコースが結合したものが一般的である。特に**グルコシルセラミド**（**GlcCer**）から生合成される**スフィンゴ糖脂質**の一群は，多様な糖脂質グループを形成している。

スフィンゴ糖脂質の生合成過程では GlcCer に β 結合でガラクトースが結合した GalGlcCer が形成される。その後，さらに結合した糖残基と結合様式によってスフィンゴ脂質は分類される。

一つは血液型を決定する脂質で，**ABO 式血液型糖脂質**系列が挙げられる（**図 1.25**）。血液の ABO 型は，赤血球表面のスフィンゴ糖脂質の成分の A，B，H 抗原による。A 型赤血球をもつ場合には，A 抗原を細胞表面にもち，抗 B 型抗体を血清中にもっている。B 型赤血球のヒトは B 抗原と抗 A 抗体をもっている。AB 型のヒトは，A 抗原，B 抗原の両方をもっているが，抗 A 抗体も抗 B 抗体ももたない。O 型のヒトは，A 抗原も B 抗原ももたず H 抗原をもっており，抗 A 抗体，抗 B 抗体をもっている。

ここで A，B，H 抗原エピトープの構造を見てみると，構成する糖残基が異なっている（図 1.25）。H 抗原の決定基は A 抗原・B 抗原の糖構造の前駆体で

型	抗原決定基の構造
H	Galβ(1-4)GlcNAc··· |1-2 L-Fucα
A	GalNAcα(1-3)Galβ(1-4)GlcNAc··· |1-2 L-Fucα
B	Galα(1-3)Galβ(1-4)GlcNAc··· |1-2 L-Fucα

図 1.25 血液型を決定する抗原エピトープをもつ糖脂質

ある。A 型のヒトは，H 抗原に N-アセチルガラクトサミン残基を付加する糖転移酵素をもっている。B 型のヒトがもつ酵素は，A 型のヒトのものと 3 アミノ酸残基異なっており，ガラクトース転移酵素として機能する。O 型のヒトは，この転移酵素の生合成が途中で止まるため酵素として機能せず，糖鎖の付加が起こらない。

その他にはガングリオシド系列，グロボシド系列がある。それぞれの系列は組織特異的に発現していることがわかっており，ガングリオシド系は脳に多く，グロボ系は赤血球で発現が多い。スフィンゴ脂質は中性の母核構造にさらにシアル酸や硫酸基の付加を受けている。

1.4.9 疾患に関わる糖鎖

糖鎖の構造と機能は，医学的な知見から興味をもたれている。同じタンパク質でも結合している糖鎖に均一性がないことは述べたが，糖タンパク質が生合成される環境が異なると糖鎖構造の分布が変わってくる。例えば，細胞がガン化するとその細胞から分泌されるタンパク質の糖鎖構造は変化する。また，抗体の糖鎖は，幼児，成人，妊娠中，出産後といった成長の過程で変化することが知られている。糖鎖構造の変化が，環境変化の原因なのかあるいは結果なのか，明らかになっていない場合が多いが，このような糖鎖構造の変化はバイオマーカーになりうる。

また，細胞表面に存在する糖鎖は，細菌やウイルスによる感染や出芽に関

わっている。例えば，感染細胞内で複製されたインフルエンザウイルスは，つぎの細胞に感染するために，ウイルス表面に存在するシアル酸を自身のもつノイラミニダーゼにより切除している。このノイラミニダーゼの作用を阻害する化合物として**ザナミビル**（商品名：**リレンザ**）や**オセルタミビル**（商品名：**タミフル**）が開発されており，これらは抗インフルエンザ薬として実用化されている（図 1.26）。

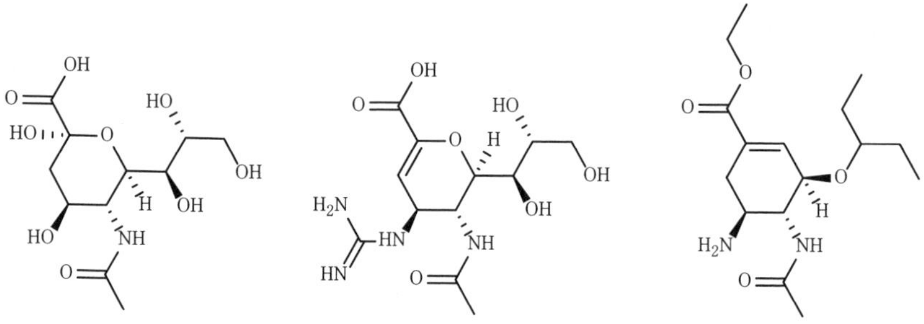

(a) シアル酸　　　　(b) ザナミビル　　　　(c) オセルタミビル

図 1.26　ノイラミニダーゼに結合するインフルエンザ薬

糖転移酵素をコードする遺伝子が原因遺伝子として知られる疾患も報告されている。ある種の筋ジストロフィーでは，細胞骨格を構成するジストロフィンと呼ばれるタンパク質上の糖鎖形成の異常が見出されている。この糖鎖は，O-マンノシル化糖鎖であり，細胞外基質であるラミニンと結合することで筋細胞を安定化している。これまでの遺伝子解析により糖転移酵素様の糖タンパク質が疾患原因遺伝子として見つかっており，実際に，該当する遺伝子の翻訳産物を調べると糖鎖形成に関わっていることがわかってきている。このように，特定構造の糖鎖が適切に形成できないと重大な疾患につながることが知られている。

1.4.10　糖タンパク質に結合する糖鎖構造の分析

タンパク質においては約半数以上は糖鎖修飾を受けているという報告があるが，タンパク質の機能を解析する上で糖鎖の役割までも視野に入れた研究は残

1.4 糖鎖

念ながら少ない。NMRやX線回折を用いたタンパク質の立体構造研究では，糖鎖は邪魔になるためにむしろ切り落として解析に用いられてきた。しかし，糖鎖と疾患の関連が明らかになり，また糖タンパク質がバイオ医薬品の候補になっている現状から，糖鎖自身の研究が進められてきており，実験試料となる糖鎖や糖タンパク質を大量に均一に取得する手法が開発されてきた。

先にも述べたが，タンパク質や脂質に結合している糖鎖の配列は遺伝情報によって一義的に決定することができないため，タンパク質発現で確立されているような遺伝子工学的な手法を用いて大量に均一な糖鎖を得ることができない。糖鎖を得るためには大きくわけて2通りの手法が挙げられる。一つ目は，天然材料から酵素あるいは化学的手法を用いて切り出した糖鎖群から，特定の構造をもつ糖鎖を精製する手法。二つ目は，有機合成や酵素反応を利用して，目的の糖鎖を合成する手法である。

天然材料から糖鎖を調製する場合，まずはどのような糖鎖がどのような材料から得られるのか知っておく必要がある。糖鎖構造の解析には質量分析法やHPLC法を用いた分析法が発展してきた。他にも特定の糖鎖構造を認識するレクチンを使った解析も行われている。

複合糖質の状態で糖鎖構造を解析することは難しいため，常法では糖ペプチドに分解したものや，タンパク質や脂質から切り離した糖鎖を解析する。またHPLCで分析をする際には糖鎖は吸収や蛍光がないため，蛍光ラベルをすることが一般的である。ヒドラジンあるいはペプチド N グリカナーゼを用いてタンパク質や脂質から遊離した糖鎖の還元末端に2アミノピリジン (PA) あるいは2アミノベンザミド (AB) を修飾し，ラベル化糖鎖を陰イオン交換カラム，アミドカラム，逆相カラムを用いて解析する (**図 1.27**)。HPLC法や質量分析法，NMR法などの各種解析法によって蓄積した糖鎖解析のデータベース化が進んでおり，インターネット上の検索により糖鎖情報を入手することができるようになっている。

38   1. 生体を構成する代表的な高分子

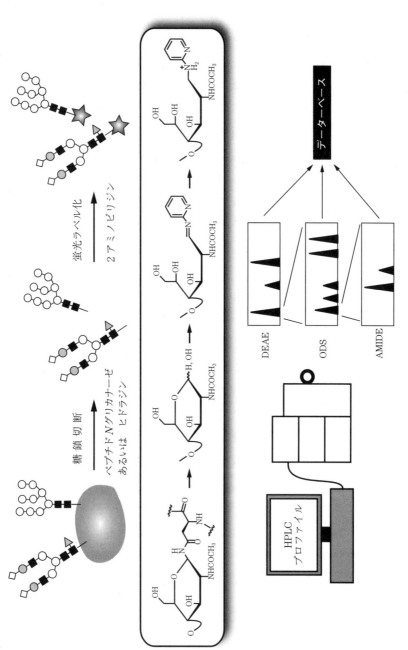

図1.27 HPLCを用いた高感度糖鎖構造解析法

1.4.11 糖タンパク質の調製

最近では，特定の糖鎖関連酵素のノックアウトを行い，培養細胞内の糖鎖生合成経路の制御を行い，特定の糖鎖構造のみを発現させようとする手法や，本来糖鎖を発現しない大腸菌のシステムに糖鎖関連遺伝子を導入することで，糖タンパク質を調製する手法の開発が行われている。こうした技術は抗体などのバイオ医薬品の産生において応用されつつある。一方，有機合成による目的物質の調製は，純粋な化合物を大量に，また入手困難な化合物を供給することができる重要な手法である。しかし糖鎖の化学合成は難易度が高く，DNA/RNAやペプチドのように合成機による自動化はされていないので手作りの調製である。

糖はヒドロキシ基をたくさんもっているため，ヒドロキシ基の保護と脱保護を繰り返し，特定の位置のヒドロキシ基間でグリコシド結合をさせなくてはならないことが，合成において最も重要な特徴である。またその際に，α結合とβ結合の異性体を区別して立体選択的に合成する必要がある。これらのことから，保護基の選択と導入の順序が糖鎖合成における成功のポイントとなる。一般的には合成過程での種々の化学反応に安定なベンジル基の保護基と，合成の途中で脱離可能なエステル基のような一時的な保護基が用いられる。

有機合成による糖鎖の調製法が確立しつつある中，単一構造をもつ糖タンパク質の合成が可能となってきた。この手法はβ結合のGlcNAcのグリコシド結合を切断する酵素であるエンド-β-N-アセチルグルコサミニダーゼ（ENGase）の逆反応を利用したものである。N結合型糖鎖のコア構造の非還元末端側はGlcNAcβ1-4GlcNAcであることから，GlcNAcを一残基もつタンパク質をドナーとして用意すれば，本酵素の逆反応によって均一なN結合型糖鎖をもつ糖タンパク質が完成する。この逆反応を優位に進めるために，改変型のENGaseと糖鎖のオキサゾリンアナログが開発されている（図1.28）。最近では本手法を応用し，完全有機合成によって得られた合成ペプチドと合成糖鎖を用い，糖タンパク質が調製できたという報告がなされている。

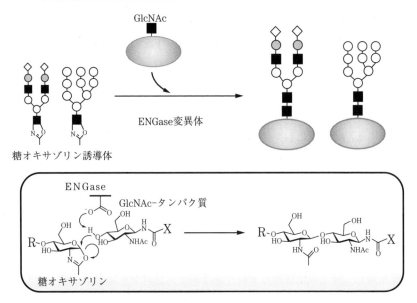

図 1.28 酵素の逆反応を利用した単一構造の糖鎖をもつ糖タンパク質の合成

章 末 問 題

1. グアニン四重鎖構造はカリウムイオンを添加すると安定化するが，ナトリウムイオンを添加しても安定化は小さい。なぜか。
2. RNA の 2′位の保護基には通常シリル系保護基が用いられるが，エステル系などの塩基性条件下脱保護される保護基を用いることはできない。理由を説明せよ。
3. 5′-AAAAAAAAAAAATTTTTTTTTTTT-3′ という配列をもつ DNA を合成した。この DNA だけを緩衝溶液に溶かしたら，どのような二重鎖を形成すると予想されるか。
   ヒント：2 種類の二重鎖が考えられる。
4. 二重鎖の T_m は，DNA 濃度の変化に対してどのような挙動を示すと予想されるか。
5. 問題 3. で考えらえる 2 種類の二重鎖の T_m は，DNA 濃度に対してどのような挙動を示すか。
6. PCR では増幅したい DNA 配列の末端に相補的な 2 種類のプライマーを使用す

る．片方のプライマーのみを使用した場合，どのような DNA が生成するか．
7. 塩基性条件下では，なぜアミノ酸はラセミ化しやすいのか．
8. 胃液が酸性である意味を考えよ．
9. pH 9.0 で側鎖が中性のアミノ酸を列挙せよ．
10. αヘリックスに対してリン酸基（$-PO_4^{2-}$）が結合するとすれば，N 末端と C 末端のどちらが有利か．理由とともに答えよ．
11. 水中では -COOH の pKa は通常 4.7 前後だが，アスパラギン酸やグルタミン酸の側鎖の pKa は 4.0 前後と低い．その理由を考えよ．
12. 水にエタノールを添加すると酢酸の pKa はどうなると予想されるか．
13. 図 1.29 の二糖のうち，還元性をもたないものはどれか．理由を説明せよ．
14. D-グルコースのアノマー炭素に結合するヒドロキシ基が他の D-グルコースとグリコシド結合を形成する場合，異性体は何種類存在するか．
15. 糖鎖の有機合成において，核酸やタンパク質の固相合成法のような簡便な手法は確立されていない．理由を説明せよ．
16. エリスロポエチンはタンパク質製剤の一つであるが，大腸菌で発現させたエリスロポエチンは正しく機能しない．それはなぜだと考えられるか説明せよ．

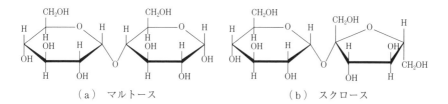

（a）マルトース　　　（b）スクロース

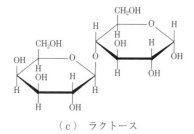

（c）ラクトース

図 1.29　3 種類の二糖

参 考 文 献

1) 田宮信雄・村松正寛・八木達彦・遠藤斗志也 共訳：「ヴォート 基礎生化学 第4版」, 3章, 4章, 6章, 東京化学同人 (2014)
2) 杉本直己：「遺伝子化学」, 化学同人 (2002)
3) 関根光雄 ほか：「ゲノムケミストリー」, 講談社 (2003)
4) M. Komiyama and J. Sumaoka：*Bulletin of the Chemical Society of Japan*, **85**, pp.533-544 (2012)
5) 長谷俊治・高尾敏文・高木淳一 共編：「タンパク質を作る―抽出・精製と合成」, 6章, 化学同人 (2008)
6) 鈴木康夫・木全弘治 監訳：「コールドスプリングハーバー 糖鎖生物学 第2版」, 2章, 8章, 13章, 16章, 49章, 50章, 丸善 (2009)
7) 田宮信雄・八木達彦・村松正美・吉田 浩 共訳：「ヴォート 生化学 第2版」, 10章, 東京化学同人 (1999)
8) 古川鋼一・遠藤玉夫・岡 昌吾・本家孝一・加藤晃一 共編：「糖鎖情報の独自性と普遍性」, 1章, 7章, 共立出版 (2009)
9) 高橋禮子：「糖蛋白質糖鎖研究法」, 学会出版センター (1989)

2 合成高分子

2.1 は じ め に

　一般的に"バイオマテリアル"とは，狭義では人工血管や外科手術の縫合用の糸など生体組織と長期間にわたって直接接触する材料を指すが，広い意味では注射針およびシリンジ（注射筒）などのディスポーザブル医療器具まで含まれる。"ディスポーザブル（使い捨て）"というと聞こえが悪いが，一度使用した注射針やシリンジなどを洗浄・消毒して使い回す危険性を考慮すれば"使い捨て"のほうが感染といった危険性を大幅に低減できるので，効率化だけでなく安全性からも意義がある。

　これらバイオマテリアルとして使用される素材は，セルロースなど天然由来の高分子だけでなく，われわれの身の回りに存在する一般的な合成高分子も多く使用されている。生体組織と接触するバイオマテリアルについては4章で詳細に解説するが，炎症を起こさないなど高度な生体適合性が要求され，特に血液と接触する材料では高い抗血栓性が要求される。

　一方のディスポーザブル医療器具は長期間生体組織と接触しないので狭義のバイオマテリアルのような生体適合性は必要ないが，素材の安全性に加えて低コストもスペックとして要求される。したがって，**表 2.1** に示したように，ポリプロピレン，ポリ塩化ビニル（$-(CH_2CHCl)_n-$）のような安価な汎用高分子が好んで使用される。

　例えばポリプロピレンは，機械的強度と透明性を兼ね備えていることからシ

2. 合成高分子

表 2.1 バイオマテリアルとして利用される合成高分子の例[*]

用　　途	合成高分子
ディスポーザブルシリンジ	ポリプロピレン
ディスポーザブルカテーテル	軟質ポリ塩化ビニル
採血用器具	ポリエステル，合成ゴム
輸血用器具・血液バック	軟質ポリ塩化ビニル
人工腎臓用血液回路	軟質ポリ塩化ビニル
縫合糸（非吸収性）	ポリプロピレン，ナイロン，(絹)
縫合糸（吸収性）	ポリ乳酸，ポリグリコール酸
ハードコンタクトレンズ・眼内レンズ	ポリメタクリル酸メチル

[*]「バイオマテリアル」（コロナ社）表 1.1 および「化学便覧　第 7 版　応用化学編」（丸善）表 26.13 より抜粋。

リンジの素材に用いられる。一方のポリ塩化ビニル自身は水道管のパイプに使用されるほどの機械的強度（硬さ）をもっているが，可塑剤の添加により柔らかくできることから，カテーテル（検査や治療などを行うために，体内に挿入する中空の柔らかい細い管）や輸液バックなどに用いられる。

輸液バックなどは，以前は生理食塩水や輸液製剤を保存する容器としてガラス瓶が使用されてきたが，ガラスは重い上，破損しやすいことから軟質ポリ塩化ビニルが使用されるようになった。これは飲料水の容器としてガラスからポリエチレンテレフタレート（PET）に取って代わられたのと同じ理由である。なお軟質ポリ塩化ビニルに含まれる可塑剤が輸液に溶出するので，使用できる可塑剤が限定されるという問題があり，可塑剤を必要としない高分子材料も検討されている。

このように医療現場に合成高分子は必須であり，目的に応じてさまざまな合成高分子が使用されている。この章では合成高分子の基礎について概説する。合成高分子の詳細については専門書を参照してほしい。

2.2　平均分子量

タンパク質や DNA のような生体高分子では，モノマーの配列が完全に規定

されている。すなわち生体高分子は"巨大な分子量をもった化合物"といった意味での"高分子"であり，単一の分子量をもつ。一方，通常の高分子合成反応は不均一なため，得られる高分子の分子量は単一にならず，どうしても分布をもつことになる。したがって合成高分子の分子量は平均値としてしか求まらない。

仮に高分子鎖が n 個のモノマーから構成されている場合に n を**重合度**と呼び，n は一定値ではなく分布をもつことになる。ここで**平均分子量**を数式で表現するために，いくつかのパラメータを定義する。

m_0：モノマーの分子量　　N_n：重合度 n の高分子の数

$x_n = N_n / \sum_i N_i$：重合度 n の高分子のモル分率

$w_n = nm_0 N_n / \sum_i im_0 N_i = nN_n / \sum_i iN_i$：重合度 n の高分子の重量分率

平均分子量には，**数平均分子量**（M_n）と**重量平均分子量**（M_w）の2種類があり，それぞれ以下の式で与えられる。

$$M_n = m_0 \sum_{n=1}^{\infty} nx_n, \quad M_w = m_0 \sum_{n=1}^{\infty} nw_n \tag{2.1}$$

また平均分子量を m_0 で割った値を**平均重合度**（P_n, P_w）という。M_w は M_n と比べて重合度 n の重みがかかるので，$M_w > M_n$（$P_w > P_n$）となる。生体高分子のように分子量分布が全くなければ，$M_w = M_n$（$P_w = P_n$）となる。分子量分布が広いと M_w/M_n が大きくなり，狭ければ1に近づく。平均分子量は，サイズ排除クロマトグラフィー法や光散乱などで実験的に求めることができる。

2.3　付加重合（ビニルモノマーの重合）

分子内にビニル基をもつ化合物（**ビニルモノマー**）の多くは，開始剤の存在下で逐次的に**付加重合**を起こして容易に高分子化が可能である。**スチレン**（styrene）や**メタクリル酸メチル**（methyl methacrylate，**MMA**，正確にはビニルではなく**ビニリデン化合物**）は代表的なビニルモノマーであり，そのポリ

46   2. 合成高分子

マーは緩衝材（発泡スチロール）やメガネのレンズに使用されるなど身の回りにあふれている。

アクリル酸（$CH_2=CHCOOH$）は，目的に応じてさまざまな官能基をエステルあるいはアミド結合を通じて導入することが可能であり，その高分子の物性を比較的容易に制御することができる。ビニルモノマーの反応性および得られる高分子の物性は，重合方法および使用する開始剤に依存する。この節ではビニルモノマーの代表的な重合方法について説明していく。

2.3.1 ラジカル重合

熱や光などのエネルギーにより開始剤が開裂し，生成したラジカルによりモノマーが反応する重合方法である。**過酸化ベンゾイル**（benzoyl peroxide, **BPO**）や**アゾビスイソブチロニトリル**（azobisisobutyronitrile, **AIBN**）が代表的な**ラジカル開始剤**で，式(2.2)のように熱または光でラジカルを発生する。例えば，スチレン溶液に少量のBPOを加えて加熱すれば，容易に**ポリスチレン**が得られる。

$$\text{AIBN} \xrightarrow{\text{熱，または UV 光}} 2\,CH_3\text{-}\underset{CN}{\overset{CH_3}{C}}\cdot + N_2$$

$$\text{BPO} \xrightarrow{\text{熱}} 2\,C_6H_5\text{-}\overset{O}{\underset{}{C}}\text{-O}\cdot \tag{2.2}$$

これらの開始剤は爆発性があるので取扱いに若干の注意を要する。しかし，多くのビニルモノマーがラジカル重合可能な上，他の重合方法と比較しても容易なことから工業的にも行われている汎用性のきわめて高い重合方法である。ラジカル重合は，つぎの三つの素過程より成り立っている。

1) **開 始 反 応**　開始剤の分解で発生したラジカルがモノマーに付加して活性末端が生成する反応（AIBNとスチレンを例にとると，以下の反応に該当）

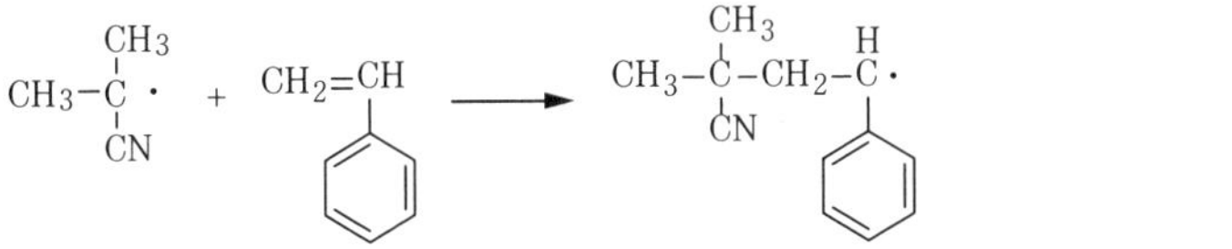

$$\text{(2.3)}$$

2) **成　長　反　応**　　活性末端にモノマーがつぎつぎと付加して重合が進む反応

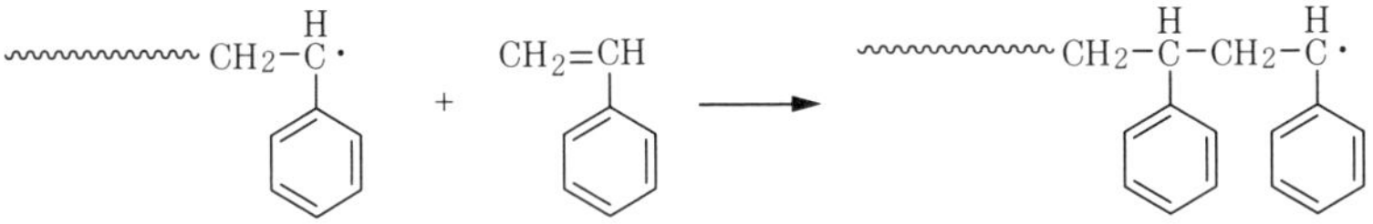

$$\text{(2.4)}$$

3) **停　止　反　応**　　成長末端同士の二量化や不均化反応により失活する反応

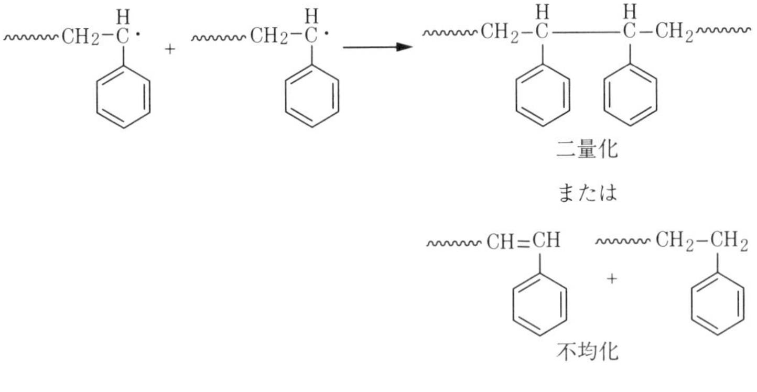

二量化

または

不均化

$$\text{(2.5)}$$

　成長末端のラジカルは不安定なため成長反応と停止反応が競合しており，新たなラジカルが供給され続けなければモノマーが枯渇しなくても重合反応は停止する。また成長末端のラジカルが移動する連鎖移動反応など，成長反応以外の反応が起きるため，広い分子量分布をもつ。

2.3.2　レドックス重合

　ラジカル重合で過酸化物を重合開始剤に用いる場合，ラジカルを発生させるために加熱する必要がある。しかし適当な還元剤を共存させると過酸化物の分

解が室温でも促進されるため(**レドックス（Redox）開始剤**)，室温下で重合させることが可能になる(**レドックス重合**)。図2.1にレドックス開始剤の例と，ラジカル発生機構を示す。

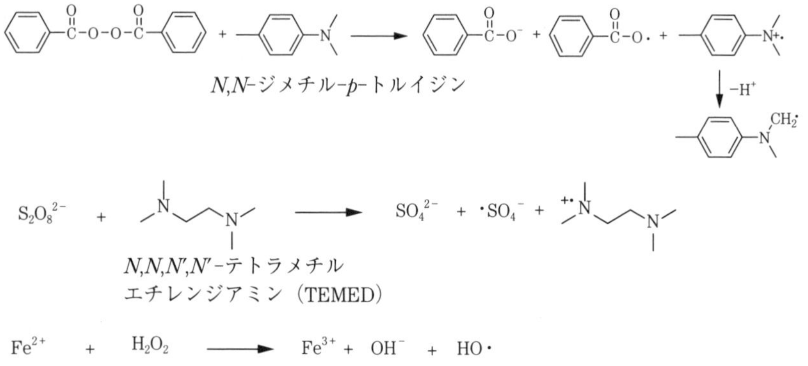

$$C_6H_5-\overset{O}{C}-O-O-\overset{O}{C}-C_6H_5 + \text{（}N,N\text{-ジメチル-}p\text{-トルイジン）} \longrightarrow C_6H_5-\overset{O}{C}-O^- + C_6H_5-\overset{O}{C}-O\cdot + \text{（ラジカル中間体）} \xrightarrow{-H^+} \text{（メチル化物）}$$

$$S_2O_8^{2-} + \text{（TEMED）} \longrightarrow SO_4^{2-} + \cdot SO_4^- + \text{（ラジカル中間体）}$$

N,N,N',N'-テトラメチルエチレンジアミン（TEMED）

$$Fe^{2+} + H_2O_2 \longrightarrow Fe^{3+} + OH^- + HO\cdot$$

図 2.1　レドックス開始剤の種類

バイオマテリアル関連でレドックス重合が利用されるのは，3.6節で解説する電気泳動において**ポリアクリルアミドゲル**を調製する場合である。電気泳動に用いるポリアクリルアミドゲルは，キャピラリーカラムやガラス板の間で調製する必要がある。この場合，ラジカルを発生させるためにキャピラリーやガラス板を加熱するのは困難なので，レドックス開始剤を用いてどのような形態でも室温で重合できるようにしている。具体的には式(2.6)のように，**アクリルアミドに架橋剤を加え**，**過硫酸アンモニウムと N,N,N',N'-テトラメチルエチレンジアミン（TEMED）**を加えると，室温でゲル化する。

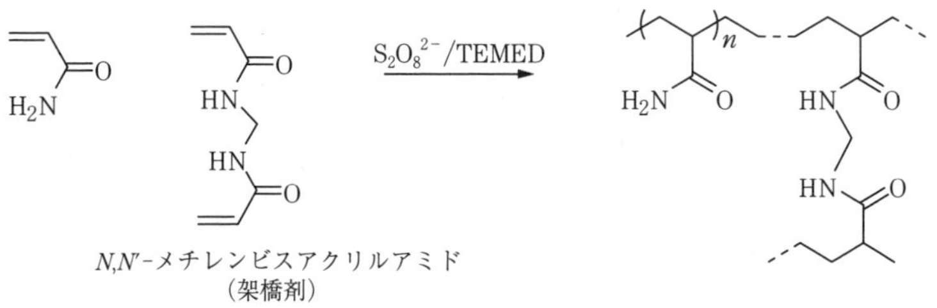

$$\text{アクリルアミド} + \underset{\text{（架橋剤）}}{N,N'\text{-メチレンビスアクリルアミド}} \xrightarrow{S_2O_8^{2-}/\text{TEMED}} \text{ポリアクリルアミドゲル} \quad (2.6)$$

2.3.3 アニオン重合

炭素原子上の負電荷をもつ孤立電子対が成長末端となる重合を**アニオン重合**と呼ぶ。アニオン重合の開始剤には，$n\text{-}C_4H_9Li$ のようなアルキル金属化合物やアルコキシドのような求核性化合物が使用され，開始剤の重合活性は以下のスキーム (2.7) のように求核性に対応している。

$$
\begin{array}{cccc}
\text{アルカリ金属} & \text{アルキル金属} & \text{アルコキシド} & \text{アミン} & \text{アルコール，水} \\
\text{K, Na, Li} & \text{RK, RNa, RLi} & \text{ROK, RONa, ROLi} & R_3N & \text{ROH, } H_2O
\end{array} \quad (2.7)
$$

大 ←――――――――――――――――――――――→ 小
アニオン重合活性

アニオン重合性はモノマーの種類により反応性は大きく異なり，以下のスキーム (2.8) に示すように，アクリル酸エステルのような電子吸引性の官能基をもつモノマーは重合活性が高いが，逆に**ビニルエーテル**のように電子供与性をもつモノマーは活性が低くなる。

(2.8)

大 ←―――――――――――――――――― 小
　　　　　　アニオン重合性
小 ――――――――――――――――――→ 大
　　　　　　カチオン重合性

例えばシアノアクリル酸エステルは，シアノ基とカルボキシ基の二つの電子吸引性官能基が結合しているので，水のような求核性の低い分子でさえ開始剤になる。市販の瞬間接着剤にはシアノアクリル酸エステルがモノマーに用いられており，空気中の水分が開始剤となってアニオン重合することで瞬間接着能を発揮している。また求核攻撃を受けやすい官能基をもつモノマーは，開始剤が容易に失活してしまうのでアニオン重合には適さない。

アニオン重合も，**図 2.2** に示したように開始剤から生じたアニオンがモノマーに付加することで重合が開始し（開始反応），成長末端となる炭素原子上のアニオンがモノマーを逐次的に攻撃することで重合が進行する（成長反

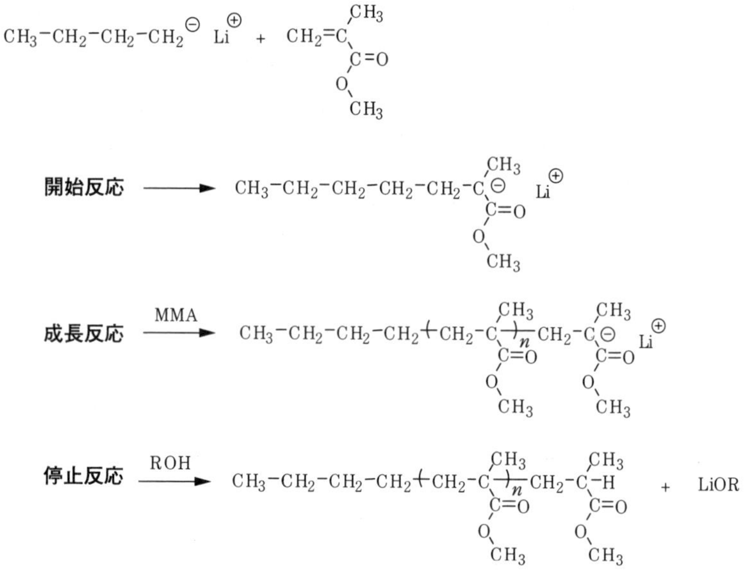

50   2. 合成高分子

$CH_3-CH_2-CH_2-CH_2^{\ominus} Li^{\oplus}$ + $CH_2=C(CH_3)(C(=O)OCH_3)$

開始反応 ⟶ $CH_3-CH_2-CH_2-CH_2-CH_2-C^{\ominus}(CH_3)(C(=O)OCH_3)$ $Li^{\oplus}$

成長反応 —MMA→ $CH_3-CH_2-CH_2-CH_2{+}CH_2-C(CH_3)(C(=O)OCH_3){\rangle_n}CH_2-C^{\ominus}(CH_3)(C(=O)OCH_3)$ $Li^{\oplus}$

停止反応 —ROH→ $CH_3-CH_2-CH_2-CH_2{+}CH_2-C(CH_3)(C(=O)OCH_3){\rangle_n}CH_2-C-H(CH_3)(C(=O)OCH_3)$ + LiOR

図 2.2 アニオン重合の素反応

応)。しかし，ラジカル重合とは異なり連鎖移動や停止反応がないので，モノマーをすべて消費するまで重合が進行する。モノマーをすべて消費した後でも成長末端は失活せずに生きており，モノマーを追加すれば重合はさらに進行する（**リビング重合**）。

アニオン重合で生成する高分子の分子量分布はラジカル重合と異なって狭く，M_w/M_n は1にきわめて近い値をとる。また数平均重合度 P_n は，使用したモノマー([M])に対する開始剤（[I]）の濃度比（[M]/[I]）で実質与えられる。

アニオン重合は，求核性の化合物を添加すれば成長末端が失活して停止する（停止反応）。その際に適切な求核剤を選択すれば，重合を停止すると同時に末端に官能基を導入することも可能である。例えば炭酸ガスを吹き込むことで末端にカルボキシ基を導入することも可能である。

このようにアニオン重合は，重合度の制御，高分子末端の修飾およびリビング重合が可能などさまざまな利点がある反面，ほんの少量でも系内に水が混入すると開始剤あるいは成長末端が容易に失活してしまうため，重合には細心の

注意を要するという欠点がある。

2.3.4 カチオン重合

炭素原子上の正電荷が成長末端となる重合を**カチオン重合**と呼ぶ。カチオン重合の開始剤は，式(2.9)の上に示したように，H_2SO_4 などの**プロトン酸**あるいは $AlCl_3$ のような**ルイス**（Lewis）**酸**である。アニオン重合の場合と逆で電子供与性をもつビニルモノマーが反応しやすく，前のスキーム(2.8)のように，2-ブテン（イソブテン），ビニルエーテルなどがカチオン重合活性をもつ。式(2.9)にプロトン酸を開始剤とする 2-ブテンのカチオン重合を例として記しておく。

カチオン重合の開始剤；H_2SO_4, $HClO_4$, $AlCl_3$, $FeCl_3$

$$H^+ + CH_2=C(CH_3)_2 \longrightarrow CH_3-C^{\oplus}(CH_3)_2$$

$$\longrightarrow CH_3-C(CH_3)_2-(CH_2-C(CH_3)_2)_n-CH_2-C^{\oplus}(CH_3)_2 \quad (2.9)$$

2.3.5 配位重合（Ziegler–Natta 触媒）

$Al(C_2H_5)_3$-$TiCl_4$ を触媒とする重合反応で，オレフィンが還元された Ti ($TiCl_3$) に配位することで重合が進行する。Ziegler および Natta はこの触媒を発見した科学者の名前である。この重合が特に重要なのは，エチレンやプロピレンのようなラジカル重合活性の低いモノマーを低温低圧で重合できる点である。

エチレンは少量の酸素を開始剤にして高温高圧下でラジカル重合させることは可能だが，得られるポリエチレンはラジカルの転移のため大きく分岐している（**低密度ポリエチレン**）。プロピレンに至っては，高温高圧下でもラジカル重合しない。

しかし，**Ziegler–Natta 触媒**を用いれば，分岐のほとんどないポリエチレンが得られ（**高密度ポリエチレン**），プロピレンでは結晶性の高い立体規則性ポ

リマーが得られる。このようにして得られたポリプロピレンは強度が優れていることから，バイオマテリアルとしては注射器のシリンジの材料などに使用されており，身近なところではPETボトルのキャップにも用いられている。

2.4 共　重　合

2種類（あるいは2種類以上）のモノマーを重合させることを**共重合**（copolymerization）と呼び，高分子の物性を制御・改変する手段の一つである。共重合組成により，共重合体は以下の四つに分類できる。

（1）**ランダム共重合体**（random copolymer）　　モノマーA, Bが，ランダムな配列をもつ共重合体

　　　　　…ABAAABBABAAA…

（2）**交互共重合体**（alternating copolymer）　　AとBが交互に並んだ共重合体

　　　　　…ABABABABAB…

（3）**ブロック共重合体**（block copolymer）　　AとBそれぞれのホモポリマーが主鎖でつながった共重合体

　　　　　…AAAAAAAAAABBBBBBBBBB…

（4）**グラフト共重合体**（graft copolymer）　　Aのホモポリマーの側鎖にBのホモポリマーがつながった共重合体

```
        …AAAAAAAAAAAAAAAAAAAA…
          B             B
          B             B
          B             B
          B             B
          B             B
          B             B
```

ランダム共重合体や交互共重合体の物性は，それぞれのホモポリマーの物性とは大きく異なることが予想されるので，新たな物性をもつ高分子が期待できる。一方ブロック共重合体およびグラフト共重合体ではそれぞれのホモポリマーのドメインが存在するので，共重合体にはそれぞれのホモポリマーの物性

が反映される。したがって，両者の長所を併せもった新たな高分子の設計が期待できる。

　一般に2種類のモノマー（M_1, M_2）を共存させて重合を行った場合に生成する共重合体は，それぞれのモノマーと成長末端の反応性で決まる。成長末端のモノマーの種類のみで重合反応速度が支配されると仮定すると，速度は式(2.10)の四つの式で表現できる。

$$\begin{aligned}
\sim\!\sim\!\sim M_1{}^\cdot + M_1 &\xrightarrow{k_{11}} \sim\!\sim\!\sim M_1M_1{}^\cdot \\
\sim\!\sim\!\sim M_1{}^\cdot + M_2 &\xrightarrow{k_{12}} \sim\!\sim\!\sim M_1M_2{}^\cdot \quad r_1 = \frac{k_{11}}{k_{12}} \\
\sim\!\sim\!\sim M_2{}^\cdot + M_1 &\xrightarrow{k_{21}} \sim\!\sim\!\sim M_2M_1{}^\cdot \quad r_2 = \frac{k_{22}}{k_{21}} \\
\sim\!\sim\!\sim M_2{}^\cdot + M_2 &\xrightarrow{k_{22}} \sim\!\sim\!\sim M_2M_2{}^\cdot
\end{aligned} \quad (2.10)$$

M_1とM_2間での共重合体組成は，パラメータr_1とr_2の大小関係で決まる。

（ⅰ）<u>$r_1 = r_2 = 1$</u>：　反応速度は末端の種類にもモノマーの種類にもまったく依存しないので，ランダム共重合体が生成する。この場合，共重合体中のM_1のモル分率は反応溶液中のM_1のモル分率と一致するので，**図2.3**の共重合体組成曲線は原点を通る直線となる。

（ⅱ）<u>$r_1 \fallingdotseq 0, r_2 \fallingdotseq 0$</u>：　成長末端のモノマーと同じモノマーは付加しないので，理想的な交互共重合体となる。したがって，共重合体組成曲線はM_1のモル分率に依存せず一定値（0.5）となる。

（ⅲ）<u>$r_1 > 1, r_2 < 1$</u>：　成長末端の種類によらずM_1の付加反応が速いので，共重合体中には反応溶液中のM_1のモル分率以上にM_1が含まれる。

（ⅳ）<u>$r_1 < 1, r_2 > 1$</u>：　上記とは逆に，共重合体中に含まれるM_1は反応溶液中のM_1のモル分率より低くなる。

例えば，スチレン（M_1）とメタクリル酸メチル（MMA：M_2）を共重合させた場合は，**図2.4**のように重合反応の種類で共重合曲線は変わる。ラジカル重合では$r_1 < 1$, $r_2 < 1$なので若干交互性をもつがほぼランダム共重合体が生成する。

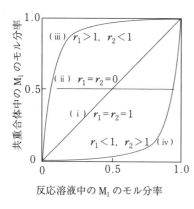 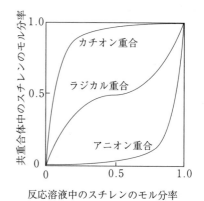

図 2.3 モノマー M_1 と M_2 の共重合体組成曲線   図 2.4 スチレンと MMA の共重合体組成曲線

アニオン重合ではスチレンより MMA の反応性のほうが圧倒的に高いので（$r_1 < 1$, $r_2 > 1$），共重合体中の MMA 組成が大きくなる。逆にカチオン重合ではスチレンの反応性が高いので（$r_1 > 1$, $r_2 < 1$），共重合体中のスチレン組成が大きくなる。

ブロック共重合体の合成には，例えばアニオン重合によるリビング重合が有効である。アニオン重合では，ラジカル重合と異なりすべてのモノマーを消費しても成長末端は失活せず，さらにモノマーを添加すれば重合させることができる。

なおアニオン重合活性の高いモノマーの成長末端は電子吸引性基で安定化されているので，その後にアニオン重合活性の低いモノマーを添加しても重合しない場合がある。例えばスチレンを重合させた後にリビング重合で MMA をブロック共重合させることは可能だが，逆に MMA を重合させた後にスチレンをリビング重合させることは困難である。

ブロック共重合により高分子の改質に成功した例として，スチレン―ブタジエン―スチレン（SBS）トリブロック共重合体を挙げることができる。熱可塑性エラストマーとして使用されている SBS トリブロック共重合体の合成では，有機リチウムを開始剤に用いて，まずスチレンを重合させた後にブタジエンを加えてリビング重合を行い，さらにスチレンをリビング重合させる。

このようにして得られたトリブロック共重合体は，低温では強度のあるゴム弾性を示す．これは両末端のポリスチレンブロックが強い分子間相互作用をもつハードセグメントを形成し，**図2.5**(a)に示すようにポリブタジエンを架橋するからである．すなわちブロック共重合により，分子運動性が高く柔らかいソフトセグメントを形成するポリブタジエンと，分子間力の強いポリスチレンの両方の長所をもった高分子が設計できる．

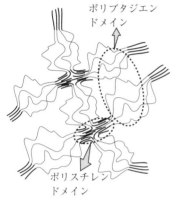

共重合組成	SBS	BSB
連鎖の分子量[*2]	10S-52B-10S	28B-20.5S-28B
スチレン含有量	27.5%	27%
分子量	73×10^3	76×10^3
100% 伸長応力	$16.9\,\mathrm{kg/cm^2}$	$4.9\,\mathrm{kg/cm^2}$
破壊伸度	860%	120%
ショア硬さ	65	17

[*1] 高分子学会 編：「高分子科学の基礎 第2版」，p.125 より抜粋．
[*2] 10S はポリスチレンブロックの分子量で，10 000 に相当する．

(a) SBS トリブロック共重合体のミクロ構造の模式図
(b) SBS および BSB トリブロック共重合体の物性[*1]

図2.5 スチレン−ブタジエンブロック共重合体

一方，同じ組成をもつ逆の BSB トリブロック共重合体では強度が著しく低下する．これは先ほどとまったく逆の論理で，ブタジエンブロックでは分子間力が弱いため，これが両末端に存在しても高分子を十分な強度で架橋できないためである．

2.5 高分子の立体規則性

$CH_2=CHX$ 型のビニルモノマーの付加重合で生成する高分子は，X の立体配置に基づく**立体異性体**も存在する．大雑把にいえば，重合度 n の高分子なら，光学異性体も含めて 2^n 種類の立体異性体が存在することになる．もちろん生

体高分子ならば分子量だけでなく立体異性体も単一であるが，付加重合で生成する高分子はさまざまな立体異性体（およびそれらの混合物）が生成することになる。

まずXの出る方向がまったくランダムになる高分子は**アタクチック**（atactic）ポリマーと呼ぶ。それに対し，式(2.11)のように，Xが同じ側に配列するのを**イソタクチック**（isotactic，**アイソタクチック**ともいう）ポリマーと呼び，たがいに逆方向に並んで配列する場合を**シンジオタクチック**（syndiotactic）ポリマーと呼ぶ。

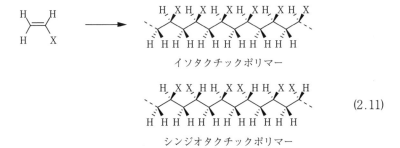

(2.11)

例えばポリプロピレンの場合，$Al(C_2H_5)_3$-$TiCl_3$触媒で配位重合させると結晶性のイソタクチックポリマーが生成する。一般に立体規則性の高いイソタクチックおよびシンジオタクチックポリマーは結晶性を示すが，ランダム配列のアタクチックポリマーは非晶質となる。MMAの立体規則性高分子は，4章で解説するように，人工腎臓の中空糸の素材として実用化されている。

2.6 縮重合と重付加

エステルやアミド結合のように，2官能基間で小分子を脱離させながら共有結合を形成して高分子化する反応を**縮重合**と呼ぶ。一方後述するように，イソシアナートとアルコールやアミン類との反応のように，小分子の脱離を伴わずに付加反応を起こす重合を**重付加**と呼ぶ。

ポリエステルや**ナイロン66**，**ポリウレタン**など身近な高分子が縮重合と重

付加で合成されている。2官能性のモノマーによる重合で注意しなければならないのは，二つのモノマーのモル比を正確に1:1にして反応率をかぎりなく100％に近づけないと，重合度は上がらないということである。

まずは二つのモノマーAとBが完全に1:1であることを仮定し，反応前のモノマーの分子数を $N_A + N_B = N_0$，一定時間後の分子数を N とすると，反応率 p は反応前の官能基数（$2N_0$）と反応後の官能基数（$2N$）から

$$p = \frac{2(N_0 - N)}{2N_0} = \frac{N_0 - N}{N_0} \tag{2.12}$$

となる。数平均重合度 P_n は

$$P_n = \frac{N_0}{N} = \frac{1}{1-p} \tag{2.13}$$

となり，反応率が99％でも数平均重合度はせいぜい100，99.9％でやっと1000である。つぎに $N_A \neq N_B$（$N_A < N_B$）の場合，反応後のAの反応率を p_A とすると

反応前の末端の総数 $= 2(N_A + N_B)$

反応後の末端の総数 $= 2N_A(1-p_A) + 2(N_A(1-p_A) + N_B - N_A)$

したがって

$$P_n = \frac{反応前の末端総数}{反応後の末端総数} = \frac{N_A + N_B}{2N_A(1-p_A) + N_B - N_A} \tag{2.14}$$

$r = N_A/N_B$ とすると

$$P_n = \frac{1+r}{2r(1-p_A) + (1-r)} \tag{2.15}$$

となる。ここでモノマーAが完全に消費された場合（$p_A = 1.0$）の平均重合度 P_n は，上式から

$$P_n = \frac{1+r}{1-r} \tag{2.16}$$

となり，仮に $r = N_A/N_B = 0.99$（モノマーBが1％過剰）の場合で平均重合度は199となる。すなわちモノマーAとBのモル比がわずか1％ずれると，数平均重合度は最大でも200程度にしかならないということである。

2.6.1 ポリエステルとポリカーボネート（縮重合）

縮重合で合成される典型的な高分子は，**エチレングリコール**（ethylene glycol）と**テレフタル酸**（terephthalic acid）から合成される**ポリエチレンテレフタレート**（polyethylene terephthalate，**PET**）である。ワイシャツに使われている合成繊維の"ポリエステル"と飲料水の容器の"PETボトル"は，名称こそ異なるが同じ高分子である。

エステル形成反応は可逆的なので，エチレングリコールとテレフタル酸を1：1で単純に混合してもPETは得られない。重合を促進させるには平衡をエステル形成側にずらす必要がある。そのため式(2.17)のように生成する水は加熱・減圧などで除去する必要があるが，水の除去には多大なエネルギーが必要である。そこで式(2.18)のようにテレフタル酸のメチルエステルを代わりに用いてエステル交換反応で縮重合を行い，沸点の低いメタノールを除去する方法も行われる。

$$\text{HOCH}_2\text{CH}_2\text{OH} + \text{HOOC}\text{-}\phi\text{-}\text{COOH}$$
$$\longrightarrow \text{+[CO-}\phi\text{-COOCH}_2\text{CH}_2\text{O]}_n\text{+} + 2n\,\text{H}_2\text{O}\uparrow \quad (2.17)$$

$$\text{HOCH}_2\text{CH}_2\text{OH} + \text{H}_3\text{COOC}\text{-}\phi\text{-}\text{COOCH}_3$$
$$\longrightarrow \text{+[CO-}\phi\text{-COOCH}_2\text{CH}_2\text{O]}_n\text{+} + 2n\,\text{CH}_3\text{OH}\uparrow \quad (2.18)$$

ビスフェノールA（bisphenol A）と炭酸が脱水縮合して得られる**ポリカーボネート**（polycarbonate）は，透明で耐衝撃性に優れていることから，自動車用プラスチック，保護メガネ，人工透析器のケースとして使用されるなど汎用性の高い高分子である。炭酸ガスそのものをモノマーに用いるのは困難なので，実際の合成では，式(2.19)のように**ホスゲン**（phosgene，COCl_2）あるいは**炭酸ジフェニル**が使用される（なおホスゲンは取扱いに厳重な注意を要する

猛毒の気体である)。

$$\text{ビスフェノール A} + \text{(ジフェニルカーボネート)} \longrightarrow \text{ポリカーボネート} \tag{2.19}$$

(+ $Cl-\underset{O}{\underset{\|}{C}}-Cl$)

2.6.2 ポリアミドとポリイミド

du Pont 社のカロザース (Carothers) が開発した合成繊維のナイロン 66 をはじめ，耐熱性と強度に優れた**アラミド** (aramid) や**ポリイミド** (polyimide) が重縮合あるいは重付加で合成される。

ポリアミドの一つであるナイロン 66 の合成では，式 (2.20) 左上のように，**ヘキサメチレンジアミン** (hexamethylene diamine) の塩基性水溶液と**アジピン酸ジクロリド** (adipoyl chloride) のクロロホルム溶液を接触させてその界面で重合させ (**界面重合**)，得られる膜状の高分子を引き上げる手法が実験室レベルで行われる。一方，工業的には左下のようにジアミンとジカルボン酸の 1：1 の塩を高温に加熱してアミド結合を形成させ，重合度を上げるために生成する水を真空下で除去する方法がとられる。

$$\text{ヘキサメチレンジアミン} + \text{アジピン酸ジクロリド} \longrightarrow \text{ナイロン 66} \tag{2.20}$$

同じポリアミドでも，du Pont 社で開発された**ケブラー** (Kevlar®) は剛直なベンゼン環を主鎖に有しているので耐熱性と強度を併せもった繊維になる。なおモノマーの **1,4-フェニレンジアミン** (1,4-phenylenediamine) はアルキルアミンよりも塩基性が低いので，式 (2.21) に従い**テレフタル酸ジクロリド**

(terephthaloyl dichloride) を使用して重合する。

$$\text{H}_2\text{N}-\text{C}_6\text{H}_4-\text{NH}_2 + \text{Cl-CO}-\text{C}_6\text{H}_4-\text{CO-Cl} \longrightarrow \left[\text{NH}-\text{C}_6\text{H}_4-\text{NH}-\text{CO}-\text{C}_6\text{H}_4-\text{CO}\right]_n$$

1,4-フェニレンジアミン　テレフタル酸ジクロリド　　　　　　　　ケブラー

(2.21)

ピロメット酸無水物（pyromellitic dianhydride）と **4,4′-ジアミノジフェニルエーテル**（4,4′-diaminodiphenyl ether）の縮重合からも耐熱性と強度を併せもった高分子が得られる。この二つのモノマーを混合すると，下式(2.22)のように酸無水物とアミンとの重付加により中間体のポリアミドが得られ，さらに過熱による脱水によりポリイミド（商品名：**カプトン**，Kapton®）が生成する。ポリイミドは不溶不融で成形性に欠けるため，中間体のポリアミドの段階で成形してから加熱して，脱水環化反応を促進させてポリイミドを得る。

ピロメット酸無水物　4,4′-ジアミノジフェニルエーテル　　　　ポリアミド中間体

加熱
200℃　　　　　　　　　　　　　　　　　　　　　　　　　　　(2.22)

ポリイミド

2.6.3　ポリウレタン

イソシアナート基（isocyanate，—N=C=O）は，アルコールに付加して**ウレタン結合**（urethane bond，—NH—CO—O—）を生じる。したがって両末端にイソシアナート基をもつモノマーとジオールを重付加させると，ポリウレタンを合成することができる。

例えばモノマーとして **4,4′-ジフェニルメタンジイソシアナート**（4,4′-diphenyl-methanediisocyanate）と**ポリテトラメチレングリコール**（polytetramethyleneglycol）を混合すると，式(2.23)のように**ポリウレタン**が生成する。その際にあらかじめジオールに少量の水を加えておき，そこにジイソシアナートを添加すると水とイソシアナートが反応して炭酸ガスの泡が発生する。この発泡反応と並行して重付加が起きるので，得られるポリマーはスポンジ状の発泡ポリウレタンとなる。

$$OCN-\text{C}_6\text{H}_4-CH_2-\text{C}_6\text{H}_4-NCO + HO-(CH_2CH_2CH_2CH_2O)_n-H \longrightarrow$$

4,4′-ジフェニルメタンジイソシアナート　　ポリテトラメチレングリコール

$$\left[\underset{O}{\overset{H}{C-N}}-\text{C}_6\text{H}_4-\underset{H_2}{C}-\text{C}_6\text{H}_4-\underset{H}{N}-C-O-(CH_2CH_2CH_2CH_2O)_n\right]_m$$

ポリウレタン

$$(OCN-\text{C}_6\text{H}_4-CH_2-\text{C}_6\text{H}_4-NCO \cdot 2H_2O \longrightarrow 2CO_2\uparrow + H_2N-\text{C}_6\text{H}_4-CH_2-\text{C}_6\text{H}_4-NH_2) \quad (2.23)$$

発泡ポリウレタンは断熱材やクッションなどに使用されている。なおイソシアナートにアミンが付加した場合には**尿素結合**（urea bond, —NH—CO—NH—）を生じる。したがってジイソシアナートとジアミンを反応させると**ポリ尿素**が生成する。

2.7　開　環　重　合

環状構造をもった化合物が開環して直鎖状の高分子を生成する反応を**開環重合**と呼ぶ。ここでは開環重合で合成されているバイオマテリアル関連のポリマー合成を例にとって説明する。

2.7.1　環状エーテル

環状エーテルはカチオン重合が可能であり，式(2.24)のようにプロトン酸を開始剤にした重合が一般的に行われる。

$$\text{H}^+ \ (\text{BF}_3 \ \text{H}_2\text{O}) + \underset{\text{O}}{\text{CH}_2\text{-}(\text{CH}_2)_n} \longrightarrow \text{H}-\overset{\oplus}{\text{O}}\underset{(\text{CH}_2)_n}{\diagup\text{CH}_2} \longrightarrow \text{H}(\text{OCH}_2(\text{CH}_2)_n)_m\overset{\oplus}{\text{O}}\underset{(\text{CH}_2)_n}{\diagup\text{CH}_2}$$

$n=1$：エチレンオキシド　$n=2$：プロピレンオキシド　$n=3$：テトラヒドロフラン
Ethylene oxide　　　　Propylene oxide　　　　Tetrahydrofuran（THF）

(2.24)

　この中でバイオマテリアルとして特に重要なのは**ポリエチレンオキシド**（polyethylene oxide, **PEO**）である．構造的にはエチレングリコール（ethylene glycol, $HOCH_2CH_2OH$）が脱水縮合したポリマーと同じ構造を与えるので，**ポリエチレングリコール**（polyethylene glycol, **PEG**）とも呼ばれるが，一般に分子量が2万以下のものをPEG，数万以上のものをPEOと区別して呼ぶ．立体的なひずみのある三員環のエチレンオキシドは反応性が高く，式(2.25)のようにアルコキシドやOH^-など求核性の高い開始剤によるアニオン重合も可能である．

$$\text{OH}^- + \underset{\text{O}}{\text{CH}_2\text{-}\text{CH}_2} \longrightarrow \text{HOCH}_2\text{CH}_2\text{O}^- \longrightarrow \text{HO}(\text{CH}_2\text{CH}_2\text{O})_n\text{CH}_2\text{CH}_2\text{O}^-$$

(2.25)

　PEGは水に可溶な親水性の高分子で，毒性がほとんどないことから化粧品や医薬品にも利用されている．またタンパク質吸着を抑制するための表面改質や，5章で解説するドラッグデリバリーシステムの薬物キャリアとしても研究されている．なお興味深いことにPEGは親水性ポリマーにもかかわらずベンゼンやクロロホルムにも可溶である．

2.7.2 環状エステル・環状アミドの関連化合物

　環状エステルの開環重合で合成する代表的なバイオマテリアルとしては，生分解性の**ポリ乳酸**（polylactic acid, **PLA**）を挙げることができる．ポリ乳酸は，式(2.26)のように開始剤に**2-エチルヘキサン酸スズ(II)**（Tin(II) 2-ethylhexanoate）を用い，対応する環状二量体のラクチドをモノマーに用いた開環重合で得られる．

2.7 開環重合

$$\text{(lactide)} \xrightarrow{\text{Sn(Oct)}_2} {\left[\text{O-}\underset{\text{CH}_3}{\overset{\text{H}}{\text{C}}}\text{-}\overset{\text{O}}{\text{C}} \right]}_n \qquad \text{Sn(Oct)}_2 : \left(\text{CH}_3(\text{CH}_2)_3\text{CH}(\text{C}_2\text{H}_5)\text{COO}^- \right)_2 \text{Sn}^{2+} \tag{2.26}$$

ポリ乳酸の -CH₃ を -H に置換した**ポリグリコリド**（**ポリグリコール酸**，**PGA**）も代表的な生分解性高分子である。この他の脂肪族ポリエステルは，式 (2.27) のようにラクトンの開環重合から合成できる。この中でも高い生分解性を示すのが，**ポリ(ε-カプロラクトン)**（**PCL**）である。これらの生分解性高分子は，医療用のみならず，汎用の高分子としても実用化されている。

$$\text{(lactone)} \longrightarrow {\left[\text{O-C(=O)-R} \right]}_n \qquad \begin{array}{ll} R = & -(\text{CH}_2)_2- \quad \beta\text{-プロピオラクトン} \\ & -(\text{CH}_2)_3- \quad \gamma\text{-ブチロラクトン} \\ & -(\text{CH}_2)_4- \quad \delta\text{-バレロラクトン} \\ & -(\text{CH}_2)_5- \quad \varepsilon\text{-カプロラクトン} \end{array} \tag{2.27}$$

ポリビニルアルコール（**PVA**）は脂肪族ポリエステルでも天然の高分子でもないが，生分解性を示す。式 (2.28) に示すように，PVA は酵素的に 1,3-ジケトンに酸化され，さらにジケトン部位が酵素的に酸化されることで低分子化する。

$$\text{(PVA oxidation scheme)} \tag{2.28}$$

一般的に**ナイロン 6** として知られているポリアミド繊維は，式 (2.29) のように**環状アミド**の ε-カプロラクタムを開環重合して得られる。工業的には少量の水の存在下で加熱することにより開環重合でナイロン 6 を得るが，金属ナトリウムなどのアルカリ金属存在下でアニオン重合も可能である。

$$\text{(caprolactam)} \xrightarrow{\text{H}_2\text{O or Na}} {\left[\text{NH(CH}_2)_5\text{CO} \right]}_n \tag{2.29}$$

環状イミドである**エチレンイミン**（ethyleneimine）は，式 (2.30) のようにカチオン重合により開環して**ポリエチレンイミン**を生じる。エチレンオキシド

と同様に，三員環をもつエチレンイミンはひずみのため反応性が高い。なお得られたポリエチレンイミンはポリエチレンオキシドのような直鎖状ではなく，高度に分岐した構造になる。DNAのようなアニオン性高分子は細胞膜透過性が低いので，細胞膜透過性を付与する目的でポリエチレンイミンのようなカチオン性高分子と複合化する場合があるが，一般にカチオン性高分子は細胞毒性が強いという問題がある。

$$\underset{NH}{\overset{CH_2-CH_2}{\diagdown\diagup}} \xrightarrow{\text{カチオン重合}} +CH_2CH_2NCH_2CH_2NHCH_2CH_2NHCH_2CH_2NH)_n \atop CH_2CH_2NH_2 \qquad (2.30)$$

1章で固相合成法によるポリペプチドの化学合成に関する説明をしたが，アミノ酸のホモポリマーならば，式(2.31)のように，対応する**N-カルボキシ無水物**（*N*-carboxyanhydride，**NCA**）をモノマーに用い，求核剤であるアミンを開始剤として，脱炭酸を伴う開環重合で合成することができる。

固相合成と異なりアミノ酸配列を制御したポリペプチドを合成することは困難だが，リビングアニオン重合なのでブロック共重合体やグラフト共重合体などの精密合成が可能である。

$$R'-\ddot{N}H_2 \quad \underset{O}{\overset{R}{\underset{HN}{\bigcirc}}}\overset{O}{\bigcirc} \longrightarrow R'-\underset{O}{\overset{H}{N}}-\overset{R}{\underset{H}{C}}-\overset{H}{N}-COOH \xrightarrow{CO_2} R'-\underset{O}{\overset{H}{N}}-\overset{R}{\underset{H}{C}}-\ddot{N}H_2$$

$$\xrightarrow{NCA} R'+\underset{O}{\overset{H}{N}}-\overset{R}{\underset{H}{C}}+_n NH_2 \qquad (2.31)$$

ポリペプチドはバイオマテリアルとしても重要な高分子であり，固相合成と異なり大量合成が可能なので，材料応用に向いた合成法といえる。

2.8 その他の高分子

われわれの身の回りにある汎用性の高い高分子で，上記で取り上げなかったものを**表2.2**に記しておく。

表2.2 身の回りにある高分子材料

ポリマーの構造・名称	モノマー	性質・用途
フェノール樹脂	フェノール、ホルムアルデヒド	絶縁材料 構造材料
メラミン樹脂	メラミン、ホルムアルデヒド	絶縁材料 食器類 接着剤
ポリアクリロニトリル	アクリロニトリル	合成繊維（羊毛に似た肌触り） 炭素繊維の原料
ポリビニルアルコール	酢酸ビニル	ビニロンの原料 洗濯糊 接着剤
ポリ塩化ビニリデン（サラン樹脂とも呼ぶ）	塩化ビニリデン	食品包装用フィルム 家庭用ラップ

章 末 問 題

1. アクリルアミドと N,N'-メチレンビスアクリルアミドの混合水溶液を十分脱気してからレドックス重合開始剤を添加すると，脱気しない場合と比べて速やかにゲル化する。なぜか。
2. プロピレンはエチレンよりラジカル重合活性がさらに落ちる。なぜか。
3. 理屈の上ではRKやRNaもアニオン重合の開始剤に使用できるが，現実に使用される開始剤はアルキルリチウム（特にnC_4H_9Li）である。なぜか。
4. テトラヒドロフラン（THF）は有機溶媒として一般的に使用されているが，酸性条件下では使えない。理由を述べよ。

5. ポリエステル合成でテレフタル酸をモノマーに用いた場合,水の減圧除去と同時に少量のエチレングリコールも系から除去される。この場合ポリエステルの分子量はどうなると予想されるか。
6. 試薬会社から購入したスチレンやMMAを重合する場合,まずモノマーを蒸留して精製する必要がある。なぜか。

参 考 文 献

1) 中林宣男,石原一彦,岩崎泰彦:「バイオマテリアル」,1章,コロナ社 (1999)
2) 日本化学会 編:「化学便覧 応用化学編 第7版」,5章,26章,丸善出版 (2014)
3) 伊勢典夫,今西幸雄,川端季雄,砂本順三,東村敏延,山川裕巳,山本雅英:「新高分子化学序論」,2章,化学同人 (1995)
4) 村橋俊介,小高忠男,蒲池幹治,則末尚志:「高分子化学 第5版」,1章〜4章,共立出版 (2012)
5) 中浜精一,野瀬卓平,秋山三郎,讚井浩平,辻田義治,土井正男,堀江一之:「エッセンシャル高分子」,3章,講談社サイエンティフィク (1998)
6) 高分子学会 編:「高分子科学の基礎 第2版」,3章,東京化学同人 (1994)
7) 辻 秀人:「生分解性高分子材料の科学」,2章,7章,コロナ社 (2002)

3 分子認識材料

3.1 はじめに

　酵素やタンパク質は，鏡像異性体の識別を当然のように行っている。例えばわれわれの舌にある味覚受容体は，L-グルタミン酸ナトリウムのみに応答して旨味を感じるが，その鏡像異性体であるD-グルタミン酸ナトリウムにはなにも感じない。酵素による物質生産でもエナンチオ選択性，収率，共に99%以上を当り前のように実現している。同じことを酵素の力を借りずに人工的に行った場合，反応の種類にもよるが，80%以上を達成すれば立派なものである。

　このような酵素の驚異的な基質特異性は精密な分子認識に基づいており，生体内に取り込まれる多数の化合物群から必要な基質のみを正確に見分けている。酵素やタンパク質だけでなく，例えば1章で取り上げたDNAの二重鎖形成もまさに分子認識といえる。DNAは，Aに対してT，Gに対してCを選択的に認識して塩基対をつくることで二重らせん構造を形成する。十数塩基程度の短いDNA二重鎖では，配列中に一つでもミスマッチが存在すると，その安定性は大きく低下する。このようなDNAの相補鎖との選択的二重鎖形成が遺伝情報の担い手となっていることはいうまでもない。

　酵素やDNAの精密な分子認識は学問的な研究対象のみならず，それを模倣した材料は実用的にも価値がある。例えばDNAを模倣した人工核酸は，後述するアンチセンス医薬として実用化されている。もちろんバイオマテリアル分野においても分子認識は技術として重要であり，例えば人工透析で老廃物の選

択的な分離除去は患者の生命に関わる重要な技術である。

このような分子認識力が性能に直結している材料だけでなく，われわれが何気なく扱っているさまざまな材料において，直接的にも間接的にも分子認識が重要な役割を果たしている場合が多い。そこでこの章では，まず分子認識に関わる分子間力について簡単にふれて，分子認識を利用した材料について説明する。

3.2 分子認識に関わる分子間力

分子レベルでの相互作用は，せんじ詰めればすべて電気的（電子的）な相互作用といえるが，その発現の仕方によっていくつかに分類される。

3.2.1 静電相互作用

解離した正電荷および負電荷をもつイオン間では**静電相互作用**が働く（図3.1）。例えば—SO_3^- あるいは—COO^- と，—NH_3^+ あるいは Na^+ の間には引力が働き，そのポテンシャルは以下の式で与えられる。

$$U = -\frac{e^2}{\varepsilon r}$$

（r：電荷間の距離，ε：溶媒の誘電率，e：素電荷）

この式が示すように静電ポテンシャルは距離に反比例するので，後述する他の

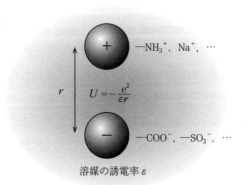

図3.1 イオン間で働く静電相互作用

相互作用と比較して静電相互作用は長距離に及び，また他の非共有結合エネルギーと比べても大きい。例えば—COO⁻と—NH₃⁺の結合エネルギーは約90 kJ/mol程度と見積もられ，後述する水素結合（～20 kJ/mol）や永久双極子間相互作用（～10 kJ/mol）よりも格段に大きい。

一方，等方的に作用するので方向性はない。なお静電ポテンシャルは溶媒の誘電率εに反比例する（真空中は$\varepsilon=1$）。したがってεが80.2（20℃）の水中では，1.9（20℃）のヘキサン中と比較して静電ポテンシャルは約1/40に低下する。

3.2.2 永久双極子間相互作用

電気的に中性な分子でも，電荷に偏りのある分子同士では**永久双極子間相互作用**に基づく引力が働く（**図3.2(a)**）。例えばカルボニル基は酸素側が負に，炭素側が正に分極している。したがってホルムアルデヒドやアセトンではカルボニル基間の永久双極子間相互作用が働く。いわば，棒磁石同士がたがいに引き寄せ合うのと同じである。電荷に偏りがない分子（例えば，メチル基）も，永久双極子に近接すると双極子が誘起されるので（**誘起双極子**），永久双極子-誘起双極子間でも引力が働く（棒磁石に鉄の棒が引き寄せられるのと同じ原理，図(b)）。これら静電相互作用のポテンシャルは，距離の6乗に反比例する。

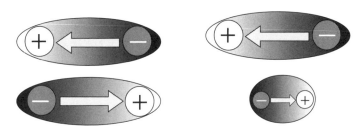

(a) 永久双極子-永久双極子相互作用　(b) 永久双極子-誘起双極子相互作用

図3.2　分子間の永久双極子間相互作用

3.2.3 分　散　力

メタンのような非極性で対称性の高い分子は時間平均すると分極はない。同様に，安定な閉殻構造をとる希ガス類も分極していない。しかし電子はつねに運動しており，瞬間的にはどこかに局在していることから電子は非対称に分布している。すなわちある瞬間を切り取って分子の分極状態を観察したとすれば，これらの分子（あるいは原子）も双極子が発生している（**図 3.3**）。

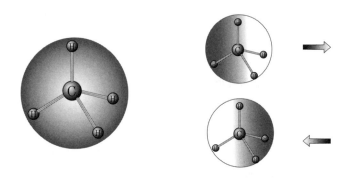

(a) 時間平均すると電子は　　(b) ある瞬間では電子は非対称に
　　対称的に分布している　　　　　分布し，双極子を生じている

図 3.3 対称的な分子間でも働く分散力

この双極子は隣接する分子（あるいは原子）にも双極子を誘起するので，結果として双極子相互作用に基づく引力が発生する。このような力を**分散力**という。この分散力は，あらゆる分子あるいは原子間で働く相互作用だが，結合エネルギーは他の双極子相互作用と比べて格段に小さい（1 kJ/mol 以下）。

3.2.4 π-π 相互作用（スタッキング相互作用）

π-π 相互作用は平面構造をもつ芳香族性の有機分子間で働く分散力である。**図 3.4**のように積層した構造をとることから，**スタッキング相互作用**とも呼ばれている。例えば DNA 二重鎖中の塩基対はらせん軸に沿って積層した構造をとっているが，これは核酸塩基対間で π-π 相互作用が働いているためである。

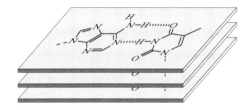

図3.4 π-π（スタッキング）相互作用による平面分子の積層

3.2.5 水素結合

電気陰性度の高い原子の間に水素原子が介在してできる非共有結合を**水素結合**と呼ぶ。具体的には，—X-H…Y—といった結合様式をとり，XとYは主に酸素と窒素である。この場合Hを供与する側を**ドナー**，Hを受容する側を**アクセプター**と呼ぶことがある。

一般にドナー側の—X-H間距離は通常の共有結合の距離で，水素結合に伴い大きな変化はない。しかしアクセプター側のH…Y—間の距離は，水素およびアクセプターの原子の **van der Waals 半径**の和より明らかに短くなる。例えば—O-H…O—の水素結合では，—O-H間およびH…O—間の距離はそれぞれ1.0 Åと1.8 Åである。HおよびOのvan der Waals半径はそれぞれ1.2 Åと1.4 Åであり，H…O—間の距離はその和の2.6 Åより0.8 Åも短い。

また水素結合は，**図3.5**の左に示すようにX-H…Yの角度が180°に近いほど強くなるので，他の相互作用と異なり方向性が強い。例えば核酸塩基対間の

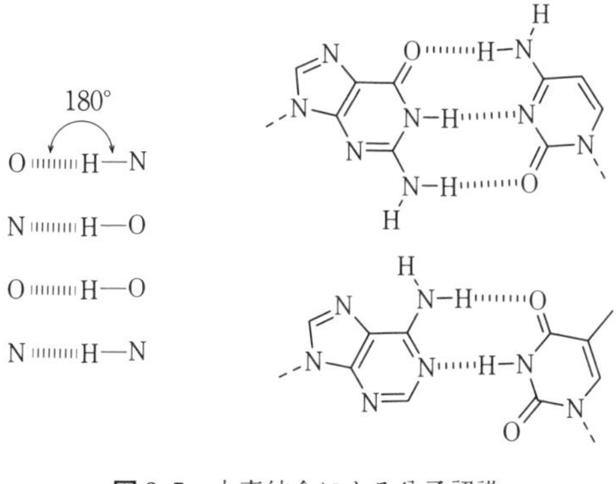

図3.5 水素結合による分子認識

水素結合では，図の右に示すように X-H⋯Y がほぼ直線である．すなわち，水素結合は分子を特定の配向で認識するには好都合な相互作用である．DNA にかぎらずタンパク質や酵素の基質認識に多数の水素結合が使われるのは，比較的強い結合であることに加え（～20 kJ/mol），方向性があるからである．

なお水素結合で注意しなければならないのは，水溶液中では溶質間で水素結合が形成されることはほとんどないことである．水分子自身が水素結合のドナーでありアクセプターとして作用するため，溶質にある水素結合サイトはほとんど水と水素結合してしまうためである．つまり水は溶媒として 55.5 M というきわめて高い濃度で溶質の周囲に存在するので，濃度の低い溶質間での水素結合より水分子との水素結合が優先してしまう．

水以外でも，メタノールやアセトンなど水素結合のアクセプターあるいはドナーとして機能する極性の高い溶媒中では，水素結合部位が溶媒によって阻害されるため，溶質間での水素結合は形成しにくくなる．これらは酵素が水溶液中で水素結合により基質認識するという事実と一見矛盾するようであるが，酵素が水中で水素結合により基質認識が可能なのは，基質認識部位が酵素の中の疎水ポケットのような，溶媒としての水を排除できる空間に位置しているからである．

仮に基質認識部位が水に露出している場合には，水素結合で基質を認識することはきわめて困難となる．例えば，DNA 二重鎖中ではアデニンはチミンと相補的な水素結合を形成しているが，アデニンとチミンを抜き出してそれぞれ単量体として水に溶解させても，アデニンとチミン間で相補的水素結合を形成することはない．

3.2.6 疎水相互作用

アルキル鎖のような水と親和性のない**非極性物質**（疎水性分子）を水と接触させると，図 3.6 に模式的に示したように，その周りに水は水素結合を通じて氷のような秩序だった構造の氷殻を形成する．この**氷殻構造**は強固な水素結合を形成するのでエンタルピー的に有利な反面，自由度の減少によりエントロピー

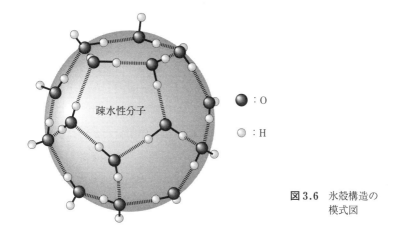

図 3.6 氷殻構造の模式図

の大幅な減少を伴うため，氷殻構造形成は自由エネルギー（$\Delta G = \Delta H - T\Delta S$）的には不利に働く。そこで非極性分子（疎水性分子）が水に溶解すると氷殻構造を形成する面積を最小限にするため凝集しようとする。あたかも非極性分子間に引力があるかのように集合するので，これを**疎水相互作用**という。

ここで以下の二点に注意してほしい。
(1) 疎水相互作用は，氷殻構造形成のエントロピー変化を最小限にしようとする水側の都合であり，非極性分子間のエンタルピー的な引力が必ずしも駆動力ではない。
(2) 疎水相互作用は水中で機能する相互作用である。

もちろん非極性分子間でも分散力は働くのでエンタルピー的な寄与もある。例えば，平面構造をもつ芳香族分子は，疎水性が高いので水中では疎水相互作用で凝集するが，その際に板が積み重なったような構造をとることでπ-π相互作用が最大限になるので，エンタルピー的にも有利になる。しかし，まずは水側のエントロピー変化を最小限にしようとして疎水分子が集合するのである。

また，二つ目に指摘した点は，生体分子が水中で機能している点でも重要である。つまり生命は疎水相互作用を積極的に活用している。例えば，1章で説明したようにタンパク質が三次構造をとるために折り畳まれることをフォールディングというが，その際に疎水性残基をもつ側鎖同士が適切に疎水相互作用

により集合することが，正しくフォールディングするために必要である。またでき上がった三次・四次構造は，ジスルフィド結合だけでなく疎水性残基間の疎水相互作用でも安定化されている。

脂肪酸ナトリウムやグリセロリン脂質のような両親媒性分子も，疎水相互作用に基づく凝集体を形成する。石鹸(せっけん)の成分である脂肪酸ナトリウムでは，図 3.7(a)に示したように，アルキル鎖は疎水相互作用でたがいに接触するよう中心部に向かって凝集し，親水部のカルボキシラートアニオンがその外表面を覆っている。このような球状構造を**ミセル**というが，ミセル内部の疎水性部位は水と直接接触しないので氷殻構造を形成する必要がない。

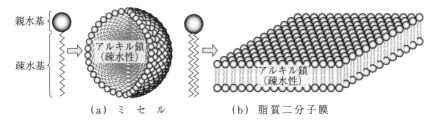

(a) ミ セ ル　　　(b) 脂質二分子膜

図 3.7　疎水相互作用に基づいたミセルと脂質二分子膜の形成

一方グリセロリン脂質では，図(b)のように，疎水性部位を内側に，親水性部位を水と接触する外に配置させた**二分子膜構造**をとる。こうすることで，疎水性部位は疎水相互作用でたがいに接触しつつ水から遮蔽(しゃへい)される。このように細胞膜を形成する二分子膜は，水があるという前提で疎水相互作用を積極的に活用して形成されるのである。なおミセルと二分子膜およびそのバイオマテリアルとしての応用に関しては，5章で再度説明する。

DNA二重鎖の美しいらせん構造は，疎水相互作用，π-π相互作用，水素結合の三つの絶妙なバランスで維持されている。まず親水部のリン酸ジエステル結合は，ミセルや二分子膜と同様に，水と接触可能な二重鎖の外側に位置している。一方，疎水的な核酸塩基は，内側を向くことで水素結合を通じてたがいに会合しつつ，π-π相互作用で積層している。疎水相互作用とπ-π相互作用で水が排除された空間ならば，水素結合形成も十分可能である。

3.3 シクロデキストリン

シクロデキストリン（cyclodextrin，**CD**）は，D(+)-**グルコピラノース**単位がα-1,4結合でつながった環状のオリゴ糖で，1分子中に含まれるグルコース単位の数で，α-（六量体），β-（七量体），γ-（八量体）と命名されている。

CDの歴史は古く，1891年にA. Villiersによって発見され，その後1903年から1911年の間にSchardingerらによって製法と精製法が詳細に研究された。彼らは，*Bacillus macerans*のアミラーゼを使ってデンプンを酵素分解することで，CDを生成する方法を確立した。CDの特徴は，環状構造に由来する空洞内に疎水相互作用で芳香族環のような疎水性分子を水溶液中で取り込む（**包接**する）ことができる点にあり，その興味深い包接能力はCDの構造に由来する。

CDは**図3.8**のように横から見ると底の抜けたバケツのような形をしてお

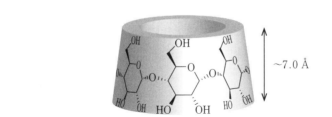

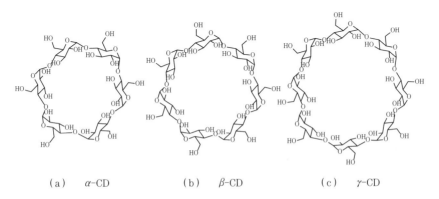

(a) α-CD   (b) β-CD   (c) γ-CD

図3.8 シクロデキストリン（CD）の構造

り，広いほうの口の縁にはグルコピラノースの C-2 位および C-3 位の二級ヒドロキシ基が存在し，反対側の狭い口は C-1 位の一級ヒドロキシ基が結合している。一方，CD の空洞内にはヒドロキシ基がないため極性は低い。そのため，この空洞に疎水性分子を包接することができる。CD の基本的な物性を**表 3.1** に示す。定性的には，CD はそれぞれの環の内径に適合した大きさの基質ほど安定な包接錯体を形成する傾向にある。例えば，α-CD および β-CD はベンゼン環ぐらいの大きさの分子を包接するのに適している。

表 3.1 CD の基本的な物性[*]

	グルコース単位の数	空洞の内径 〔Å〕	水への溶解度 〔g/100 mL〕
α-CD	6	4.5	14.5
β-CD	7	7.0	1.85
γ-CD	8	8.5	23.2

[*]「シクロデキストリンの化学」(学会出版センター) p.8 より抜粋。

CD を構成しているグルコピラノースと比較すると，疎水性分子を包接すること以外に，以下のような特徴も有している。

(1) 還元性をもたない。
(2) 無味無臭である。
(3) α-, β-CD は難消化性である。

天然由来の CD は安全性が高く安心感があるので，後述するように食品添加剤やバイオマテリアルの素材として広く利用されている。

3.3.1 酵素モデルとしての CD

水溶液中で基質を空洞内に取り込む CD は酵素を類推させることから，酵素モデルとしても研究されてきた。例えば，酢酸 m-ニトロフェニルエステルの加水分解速度は，α-CD が存在すると約 100 倍加速される。一方，酢酸 p-ニトロフェニルエステルでは，α-CD による加速効果は 3 倍程度である。すなわち CD は酵素のように基質選択的にエステルの加水分解を促進している。

このメタ体選択的な加水分解は，**図 3.9** のように α-CD に包接されたフェニルエステルのカルボニル基（求電子中心）と求核性の二級ヒドロキシ基の距離が，パラ体よりもメタ体のほうが近いためである．

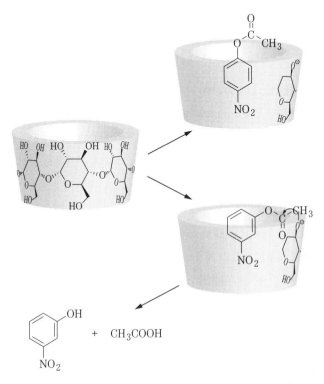

図 3.9 α-CD によるフェニルエステルの加水分解の促進

CD との包接は位置選択的付加反応にも有効である．フェノールおよびその誘導体は，アルカリ水溶液中ではクロロホルムと反応してホルミル化される（**Reimer–Tiemann 反応**）．この反応は CD 非存在下ではオルト（o-：2位）体とパラ（p-：4位）体の2種類が生成し，その生成比は2位：4位＝2：1と位置選択性はまったくない．一方 β-CD が存在すると，**図 3.10** のように β-CD/フェノール/クロロホルムの3成分分子錯体が形成されるため，反応が促進されるだけでなくほぼ100％の選択性で4位がホルミル化する．

78   3. 分子認識材料

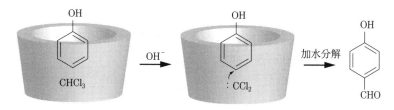

図 3.10　β-CD を用いた 4 位選択的ホルミル化

3.3.2　可溶化剤としての CD

一般に疎水性分子は水への溶解度が低いが，CD に包接させれば水への溶解度の向上が期待できる。薬剤などを注射や点滴など非経口投与する場合は水に溶かして投与する必要があるので，薬剤には水への高い溶解度が要求される。しかし薬剤によっては十分な水溶性が確保できない場合もあるので，CD を利用した可溶化剤は需要がある。三つの CD の中では，さまざまな分子と安定な包接錯体形成が可能という観点から，β-CD が可溶化剤として最も有望である。しかし，表 3.1 に示したように，α-CD や γ-CD と比較すると水への溶解度が著しく低いことが，可溶化剤としての実用化の大きな問題である。

可溶化剤として求められるスペックは，以下のとおりである。

① 水への高い溶解度　　② 腎安全性
③ 薬理不活性　　　　　④ 化学的・代謝的安定性
⑤ 高い包接力

β-CD で特に問題になるのは ① と ② であり，これを解決しつつ上記すべてを満たす修飾 β-CD の開発が行われた。一級あるいは二級ヒドロキシ基のスルホン化は水への溶解度を向上させたが，包接能力の低下や薬理活性を示してしまうなどの問題が出たため，スルホン基と CD の間にアルキル基を導入した CD が開発された。その結果，スルホブチルエーテル β-CD のナトリウム塩（Captisol®）が高い水溶性を実現し，生体適合性も優れることから可溶化剤として実用化されている。

3.3.3 食品添加剤としての CD

　有機溶媒を一切使用しない方法で製造された CD は，用法，用量に制限のない食品添加剤として認可されている。実際，われわれの身の回りには CD を含む飲料や食品が多数存在する。CD が含まれる食品には，「**シクロデキストリン**」，「**サイクロデキストリン**」，あるいは「**環状オリゴ糖**」のいずれかの名称で表示されている。

　食品添加剤として要求されるスペックは，安全性は当然として，無味無臭であることも重要な条件である。食品添加剤に味や匂いがあったら，食品や飲料が本来もっている味や風味を損ねてしまう。CD が無味無臭であることは，天然由来であるということの安全性・安心感に加えてきわめて重要な性質といえる。また α-CD および β-CD が難消化性であることも，食品添加剤としては好ましい性質である。

　食品には固有の香りをもっているものや，香料で香りづけされているものもある。これらの香気成分は揮散しやすく，時間とともに急激に減少して風味を損なってしまう。そこで，CD を添加して香気成分と包接錯体を形成させることで安定化させ，香気成分の揮発を制御して香りを持続させている。

　例えば，インスタントの緑茶やコーヒーなどに，香気成分の保護・徐放を目的に CD が添加されている場合がある。逆に悪臭の原因となる成分の捕捉にも CD は利用でき（**マスキング効果**），口臭抑制のサプリメントに CD が添加されている場合もある。

　また環境成分と反応しやすい不安定な香気成分を保護する目的でも CD が添加される。わさび独特の香気の主成分であるアリルチオイソシアネート（allylthioisocyanate, $CH_2=CH-CH_2-NCS$）は，保存状態が悪いと空気中の酸素や水と反応して悪臭成分に変化することもある。そこで CD を添加して包接錯体を形成すれば，水や酸素との反応抑制が可能となり，わさびの香気を持続させることができる。

3.4 分子鋳型法(モレキュラーインプリンティング)

究極の分子認識材料は,高選択性と高結合性を併せもった天然の抗体であろう。現在では,任意の分子に対する**モノクローナル抗体**(単一の抗体分子)を調製することは可能である。しかし材料としてはきわめて高価であり,医薬のような高付加価値が期待できる分野でないと実用化は困難である(抗体の医薬応用は5.2節 参照)。

その一方で,抗体ほどの高選択性や高結合性は必要ないが,より安価で容易に設計・調製できる"人工抗体"に対する需要は大きい。そのような観点から考え出されたのが**分子鋳型法**(molecular imprinting,**モレキュラーインプリンティング**)である。

分子鋳型法の基本原理は,**図3.11**に示すようにきわめて簡単である。まず認識したい基質を鋳型にし,その基質の一部と相互作用可能な機能性モノマーをあらかじめ錯形成させる。これに架橋剤を加えて重合した後に,鋳型分子を抽出して除く。得られた架橋高分子(**インプリント高分子**)中に生成する空洞には機能性モノマーが鋳型分子に対して相補的に配置されているので,鋳型分子を選択的に認識できる。

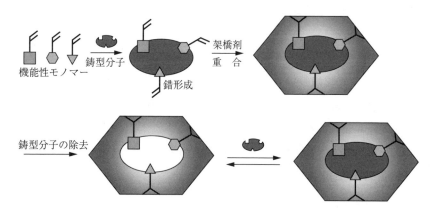

図3.11 分子鋳型法の概略図

3.4 分子鋳型法（モレキュラーインプリンティング）

最も一般的に行われている方法は，鋳型分子の一部と水素結合のような非共有結合で相互作用する機能性モノマーとを，あらかじめ錯形成させて重合する方法である．例えば，除草剤の**アトラジン**を選択的に除去可能なインプリント高分子の合成には，メタクリル酸が使用できる．アトラジンとメタクリル酸は**図3.12**のように2箇所で相補的水素結合が可能であり，**エチレングリコールジメタクリレート**を架橋剤に用いて重合して得られる架橋高分子は，アトラジンを選択的に吸着除去可能である．

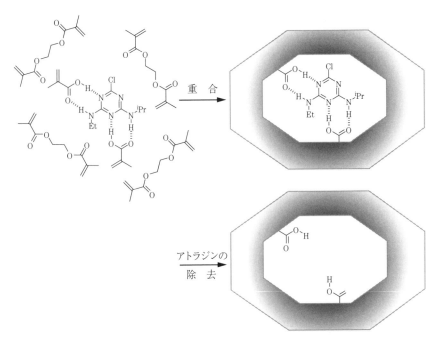

図3.12 アトラジンを選択的に除去するインプリント高分子の調製

水素結合を鋳型分子との錯形成に使用する場合は，水素結合を阻害するような極性溶媒を使うことはできない．例えばペプチドのように水溶性の鋳型分子にアクリル酸を機能性モノマーに用いても，鋳型分子とアクリル酸の水素結合が水分子で阻害されてしまう．

そこで，前節で解説したシクロデキストリン（CD）のビニルモノマーを機

能性モノマーに用いて鋳型分子の疎水性残基と相互作用させることで，インプリンティングが可能になる。図3.13では，二級ヒドロキシ基側をビニル基修飾したβ-CDを機能性モノマーに，*N*-benzyloxycarbonyl-L-tyrosine（Z-L-Tyr）を鋳型分子に用いたインプリント高分子の合成を示している。

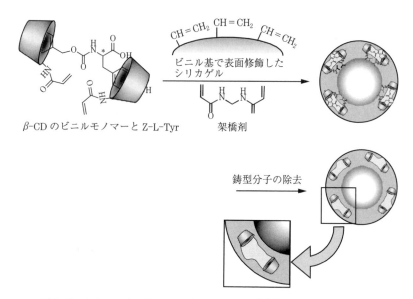

図3.13 シクロデキストリンのビニルモノマーを機能性モノマーに用いた水中でのインプリント高分子の合成

ビニル基修飾したシリカゲル上で重合すれば，シリカゲル上に直接インプリント高分子を固定化できる。このようにして得られたインプリントシリカゲルを高速液体クロマトグラフィーの固定相に用いると，鋳型に用いたZ-L-Tyrを選択的に分離することが可能になる。

3.5 分　離　膜

合成高分子が最も得意とする分子認識材料は膜である。気体あるいは液体を膜に通すだけで目的とする分子を選択的に分離できれば，エネルギーコストも

低く抑えることができ，また膜分離は製造適性もあるのでプラント化も容易である。なお膜分離では，高分子と基質との分子間相互作用よりは分子サイズで"ふるい"にかけるのが一般的である。ここでは，気体分離と液体分離に分けて解説する。

3.5.1 気体分離膜

気体分離用の高分子膜は，物理的に計測（観測）可能なマクロな孔（5 nm以上）が存在する**多孔質膜**と，直接は観測できないが気体を透過させているミクロな孔（1 nm以下）が存在する**非多孔質膜**の2種類に分類できる。多孔質膜では孔の大きさ（r）と気体分子の平均自由行程（λ）の関係で，透過機構がさらに二つに分類される。$r/\lambda > 5$では気体同士の衝突が孔壁の衝突よりも優先的に起きるので（**ポアズイユ**（Poiseuille）**流**），気体の膜透過速度は粘度に逆比例する。しかし気体は全体として一方向に流れるため，分離はできない。一方，$r/\lambda < 1$では孔壁の衝突が優先的に起きるため（**クヌーセン**（Knudsen）**流**），膜透過速度は膜の両側の分圧差に比例し，気体分子の分子量の平方根に逆比例する。すなわち分子量が十分に差のある気体ならば分離可能になる。

一方の非多孔質膜では，気体が膜中に溶解，拡散して通過する。この場合，気体の流束（J）は膜中の注目する気体の濃度勾配に比例する（**Fickの第一法則**）。

$$J = -D\frac{\partial C}{\partial x} = -P\frac{\partial p}{\partial x} \tag{3.1}$$

ここでDは拡散係数，Cは濃度であり，膜中に溶解する気体の濃度（C）が分圧pに比例する場合はJが分圧勾配に比例するので，その比例定数が**気体透過係数**Pとなる。この気体透過係数Pが大きいほど気体透過性が高く，また分離したい気体間のPの比が大きいほど，分離性能は高くなる。ここでは酸素富化膜を例にとって説明する。

酸素富化膜は，医療用と工業用に大別される。医療用では呼吸器疾患などの患者が自宅で酸素を吸入する目的で酸素濃縮器用に酸素富化膜が利用される。

その際に要求される主要なスペックは，以下の二点である。

① 酸素濃度を 40% 程度まで濃縮可能
② 毎分 4〜8 ℓ 程度の濃縮酸素を排出可能

空気中の酸素濃度が 20% 程度だから倍に濃縮するので，高い P_{O_2}/P_{N_2} 比（4以上）が必要となる。一方，呼吸用なので P_{O_2} が高い（排出速度が大きい）必要はない。つまり O_2/N_2 選択性が優先される。一方，工業用の用途は発酵用やバーナーなどの燃焼用機器であり，求められるスペックは，以下のとおり，医療用とは逆になる。

① 酸素濃度は 28〜30% 程度まで濃縮可能
② 大量の濃縮酸素が供給できる。

すなわち，P_{O_2}/P_{N_2} 比は 2 程度と低くてよいが，高い P_{O_2} をもつ高分子膜が必要となる。医療用には式(3.2)の**ポリ4-メチル-1-ペンテン**が利用され，工業用には**ポリジメチルシロキサン**が利用されている。気体の透過速度を高くするためには膜の薄膜化が有効だが，機械的強度が小さくなるので，膜の化学架橋や機械的強度の高い支持体とのコンポジット化などが行われる。

$$\left.\begin{array}{c}\text{CH}_2-\text{CH}\\|\\\text{CH}_2\\|\\\text{CH}\\/\ \backslash\\\text{CH}_3\ \text{CH}_3\end{array}\right\}_n \qquad \left.\begin{array}{c}\text{CH}_3\\|\\\text{Si}-\text{O}\\|\\\text{CH}_3\end{array}\right\}_n \qquad (3.2)$$

ポリ4-メチル-1-ペンテン　　　ポリジメチルシロキサン

3.5.2　液 体 分 離 膜

液体分離では，膜の両側での溶質の濃度差を利用して分離する**透析**，圧力をかけて溶質と溶媒をろ過で分離する**限外ろ過**，イオン交換膜のイオン選択性を利用した**電気透析**などが挙げられる。透析というと，腎臓機能の低下した患者の血液を浄化する人工透析が最初に思い浮かぶが，人工透析膜に関しては 4 章の血液接触材料で解説する。ここでは，限外ろ過膜と電気透析について説明する。

限外ろ過では分離膜の孔の大きさでタンパク質や微粒子など比較的大きな物

質(分散物)と溶媒を分離するので,以下の二つの特徴を有する膜が,限外ろ過膜には適している।

(1) 分画性能がシャープであること
(2) 透過流束が速いこと,すなわち均一な細孔が多数存在する膜

限外ろ過膜は,半導体産業用の超純水の製造や,タンパク質や酵素などの分離濃縮および除菌など,食品やバイオ関連分野で利用されている。食品・バイオ関連分野では,上記以外に以下の性質も要求される。

(3) 殺菌に使用する塩素系薬品に対する耐性
(4) 蒸気滅菌が可能な耐熱性
(5) 広い範囲でのpHに対する耐性

耐熱性や機械的強度という観点からはポリイミドが最も適しているが,耐塩素性と耐pH性(耐塩基性)に乏しいためあまり利用されず,式(3.3)に示したような**ポリスルホン**系の膜が利用される。ポリスルホン系高分子は,人工透析膜にも利用されている。

$$\left[\begin{array}{c}\end{array}\right]_n \quad (3.3)$$

ポリスルホン　　ポリエーテルスルホン

ポリフェニルスルホン

分離する対象がタンパク質や微粒子のようなサイズの大きな分散物から,分子レベルで分散している溶媒より少し大きい程度の溶質になると,大きな浸透圧が分離膜(半透膜)にかかる。例えば海水からNaClを除去して純水を製造する場合,分離膜にはNaClの濃度に対応する浸透圧がかかるが,溶質側に浸透圧以上の圧力をかければNaClと水を分離することができる。このような分離膜(半透膜)を**逆浸透膜**と呼ぶ。なお限外ろ過と逆浸透の境界は曖昧で,明確な基準があるわけではない。

イオン交換膜は,膜に固定化されているイオンと逆の電荷をもつイオンを選

択的に透過させる。この電荷選択性を利用した電気透析により，脱塩あるいはイオンの濃縮が実用化されている。

図3.14に示すように，電気透析では陽極と陰極の間の各部屋が，**陰イオン交換膜**と**陽イオン交換膜**で交互に仕切られている。ここにNaCl水溶液を通液すると，各部屋にあるNa$^+$とCl$^-$はそれぞれ陰極と陽極に向かって動く。(1)と(3)の部屋では，Na$^+$とCl$^-$が進む方向に存在するのがそれぞれ陽イオンおよび陰イオン交換膜なので，無事通過することができる。その結果(1)および(3)のNaCl濃度は低下する。

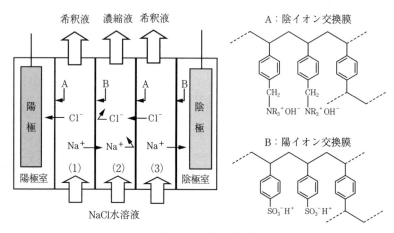

図3.14 電気透析による脱塩（濃縮）の原理

一方，(2)の部屋では，それぞれのイオンが進む方向には同じ電荷が固定化されている膜が存在するので，通過することができない。その結果，(2)にはNaClが濃縮される。このような簡単な原理で，NaClを水から選択的に分離することができる。

イオン交換膜はジビニルベンゼンで架橋したポリスチレン骨格をもち，陽イオン交換基としてスルホン酸残基が，陰イオン交換基として第四級アンモニウム塩残基がスチレンに結合している。イオン交換膜を利用した電気透析は，海水の濃縮による製塩およびバイオ関連で使用する超純水製造装置に利用されている。

3.6 電気泳動用ゲル

電気泳動は，タンパク質やDNAの分離・同定を目的として一般的に行われており，その媒体としてハイドロゲルが利用される。一般的に使用されるのは，架橋した**ポリアクリルアミドゲル**である。このゲルを媒体として電圧をかけることで生体高分子を分離する操作を，**ポリアクリルアミド電気泳動法**（polyacrylamide gel electrophoresis，**PAGE**）という。

実験室レベルで行われる電気泳動用のゲルは，以下の手順で調製する。まず2枚のプラスチック板またはガラス板にスペーサーを入れ，ポリアクリルアミドゲルを調製する空間をつくる。つぎに2.3.2項で解説した，モノマーのアクリルアミドと架橋剤の N,N'-メチレンビスアクリルアミドの水溶液を適切な量採取して混合撹拌し，さらに水溶性のレドックス開始剤である過硫酸アンモニウムと N,N,N',N'-テトラメチルエチレンジアミン（TEMED）を加えて撹拌する。

実際に用いられるスラブ型電気泳動装置を**図3.15**に示す。レドックス開始剤を加えた段階で重合が開始するので，速やかに板の間に流し込み，コームと呼ばれる凹みのあるスペーサーを差し込んで静置する。しばらくすると重合が

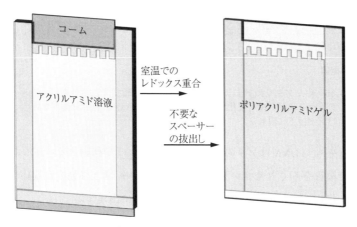

図3.15　電気泳動用ポリアクリルアミドゲルの調製

進行してゲルが固まるので,コームを抜き取れば,電気泳動用の媒体としてのハイドロゲルは完成する。

ポリアクリルアミドゲルはこの後鋳型のガラス板からはがすことなくそのまま使用するので,2.3.2項でも解説したように,室温でもラジカルを発生するレドックス重合剤が使用される。この後,凹み部分に試料のDNAを導入し,ゲル板の上側に負極,下側に正極を設置して,約1 000～2 000 Vの電圧をかけて泳動させる。実際の電気泳動装置の写真を**図 3.16**(a)に示す。

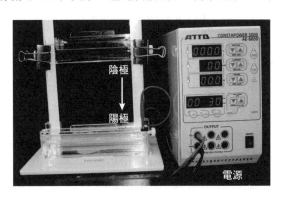

(a) 装置の写真

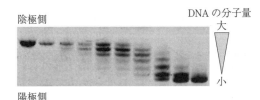

(b) 装置により得られた泳動図

図 3.16 ポリアクリルアミド電気泳動装置(DNAは蛍光色素で染め,イメージングアナライザーで可視化する。分子量の小さいDNAほど泳動度が大きいのでバンドは下に現れる)

負電荷をもつDNAはゲルの下側の正極に向かって移動する。ポリアクリルアミドの網目をくぐりやすい分子量の小さなDNAほど移動度が速いので,図(b)に示すように,小さなDNAほどバンドが下に出現する。

ポリアクリルアミドで分離できるDNAは,最大で10 000塩基対程度で,分子量に換算すると約700万くらいである。さらに大きなDNAを分離する場合

は，より網目の粗いアガロースゲル（Agarose 寒天）が使用される。

　DNA の配列を読み取るためのシークエンサーでは，キャピラリーのような細いガラス管の中に上記と同様にしてゲルを作成して電気泳動により DNA を分離するので，やはり室温でラジカルを発生するレドックス開始剤を使用してキャピラリー中で直接ゲルを作成する。

　タンパク質も同様に PAGE で分離する。なおタンパク質は DNA と異なり種類によって電荷の総量は異なるので，タンパク質をそのまま導入しても分離はできない。そこで界面活性剤である**ドデシル硫酸ナトリウム**（sodium dodecyl sulfate, **SDS**）を加えて SDS ミセル中にタンパク質を取り込ませる。こうすることでタンパク質は負に帯電する。

　タンパク質を取り囲む SDS の量は，タンパク質の分子量にほぼ比例するので（タンパク質 1 g 当り SDS 約 1.4 g），この SDS-タンパク質複合体は DNA と同様タンパク質の分子量が小さいほど移動度が速く，結果としてタンパク質の分子量で分離することができる。これを **SDS-PAGE** という。タンパク質の場合，分子量は大きくても数十万程度なので，アガロースゲルを使用しなくてもポリアクリルアミドで十分分離できる。

3.7　蛍光プローブ

　分子認識したことを光や電気信号で検出することができれば，分子認識材料をセンサーとして応用することが可能になる。特に蛍光を用いた検出法は，簡便かつその感度の高さから現代の材料科学やバイオテクノロジーにおいてなくてはならないツールとなっている。ここでは最初に光化学の基礎を簡単に説明した後，蛍光が変化することで周辺環境や標的分子を検出可能な分子認識材料（**蛍光プローブ**）について概説する。

3.7.1　光　と　色

　光は電磁波の一種であり，人の目で感じることができる光（可視光）は，個

人差はあるものの大体波長が 380 nm から 780 nm 程度である．この領域でヒトは光の波長の違いを色の違いとして識別することができる（図 3.17）．ヒトの目には青色，赤色，緑色を感じる細胞があり，この三つの色を**光の三原色（RGB カラー）**という．テレビやパソコンのディスプレイは，この三色の光を混ぜることでさまざまな光をつくり出す**加法混色法**を利用している（図 3.18（a））．例えば，緑色と赤色の光を混ぜると黄色の光となり，三原色をすべて混ぜると白色光となる．それに対し，染料や顔料のように光を吸収する物質の場合，ある波長の光を吸収するとその補色が観察される．例えば，青色の光は 435 から 480 nm 付近の波長をもつが，青色の光を吸収する物質は黄色に観察される．**減法混色法**では黄色，青緑（シアン），赤紫（マゼンタ）の三原色

図 3.17 波長による色の違いを表す色相環（向かい合う色が補色となる）

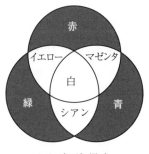

(a) 加法混色

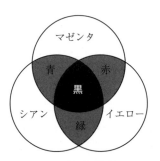

(b) 減法混色

図 3.18 加法混色と減法混色

を混合しさまざまな色を表現しており，これを**色の三原色**という（図(b)）。例えば，黄色とシアン色の絵具を混ぜると緑色となり，三原色をすべて混ぜると黒色となる。実際には，より鮮やかな黒色を表現するためにこれに黒を加えた CMYK カラーが，インクジェットプリンターなどで利用されている。

3.7.2 吸収と蛍光

物質に光を当てると特定の波長の光を吸収し，電子が基底状態から励起状態へと遷移する。この際，吸収するエネルギーは電子準位間のエネルギー差と対応している。電子遷移は核の動きと比べて圧倒的に速い（**Frank-Condon の原理**）ので，励起の際にスピン状態も保持される。その結果，大半の有機物の場合，基底状態は一重項（S_0）であるために，励起状態も一重項状態（S_n, $n>1$）となる。励起された分子の物質がどのくらい光を吸収するかは，つぎの **Lambert-Beer の法則**に従う。

$$A = -\log \frac{I}{I_0} = \varepsilon Cl$$

ここで，A は**吸光度**，I_0 は入射した光の強度，I は透過した光の強度，C は光を吸収する物質のモル濃度，l は試料の厚み（光路長）である。また，ε は**モル吸光係数**と呼ばれ，慣用的に $M^{-1} \cdot cm^{-1}$（$M = mol/\ell$）の単位で表記されることが多い。このモル吸光係数が大きければ大きいほど光の吸収が強いということになる。分子のモル吸光係数が既知の場合，吸収スペクトル測定から Lambert-Beer の式によって濃度を算出することができる。

励起された分子は速やかに熱エネルギーや光エネルギーを放出して基底状態へ戻る。その過程を端的に表したのが**図 3.19** に示す **Jablonski ダイアグラム**である。励起された分子はさまざまな励起状態へと遷移するが，溶媒分子にエネルギーを渡したり熱エネルギーに変換されたりして速やかに最低励起状態（S_1）へと緩和する。最低励起状態からは，**蛍光**を発するか光を発しない無放射遷移によって基底状態へと失活する。したがって，蛍光は吸収よりもエネルギーが低くなる（長波長側に現れる）。また，S_1 状態から励起三重項状態へと

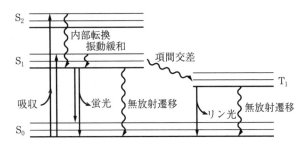

図 3.19 Jablonski ダイアグラム（直線矢印は放射過程，波線矢印は無放射過程を表す）

遷移する項間交差と呼ばれる過程もあり，励起三重項からは**りん光**が観察される。このりん光の過程はスピン禁制であるために蛍光と比べ寿命が長いという特徴がある。

分子が蛍光を発するかどうかはその分子構造にきわめて大きく依存し，さらにその励起波長および蛍光波長は分子によって異なっている。逆にいえば，蛍光を発する分子は限られるため，蛍光を発する分子（蛍光色素）を選択的に検出することが可能となる。また，蛍光は吸収や核磁気共鳴など，他の手法と比べ感度がきわめて高いという特長がある。これらの利点から，蛍光色素は後述するように現代の材料科学やバイオテクノロジーなどにおいて幅広く利用されている。蛍光色素の例を**図 3.20**に示す。水溶液中で強い蛍光を発する分子としては，フルオレセインやローダミンなどのキサンテン系色素や，ピレン，ペリレンなどの縮合芳香環系色素，Cy3などのシアニン系色素などが知られている。また，トリプトファンや NADH などのように，生体物質の中にも蛍光を発する分子がある。さらに，緑色蛍光タンパク質（GFP）のように蛍光を発するタンパク質も知られている。励起波長と発光波長の差を**ストークスシフト**と呼ぶ。一般にストークスシフトの大きい蛍光物質のほうが励起光の影響を排除できるため，検出が容易となる。

分子が発する蛍光の大きさの指標として一般的に**量子収率**が用いられる。**蛍光量子収率**（ϕ）とは，分子が吸収した光子数に対する蛍光として放出された光子数の比であり，1に近づくほど蛍光が強い。量子収率は蛍光強度を表す便

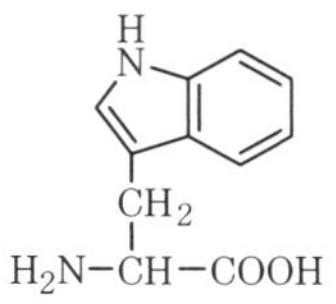

(a) トリプトファン
励起：295 nm
発光：353 nm

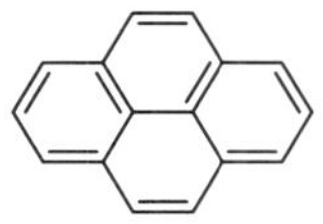

(b) ピレン
励起：340 nm
発光：378 398 nm

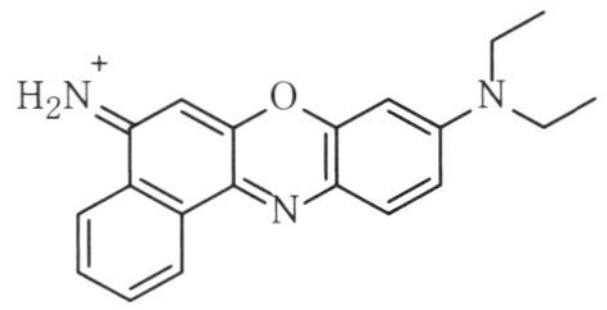

(c) ナイルブルー
励起：638 nm
発光：660 nm

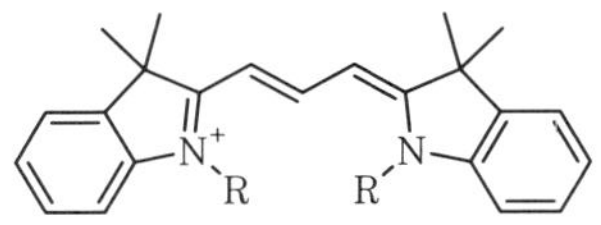

(d) Cy3
励起：550 nm
発光：570 nm

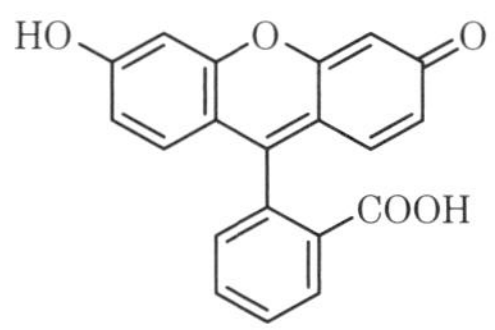

(e) フルオレセイン
励起：490 nm
発光：514 nm

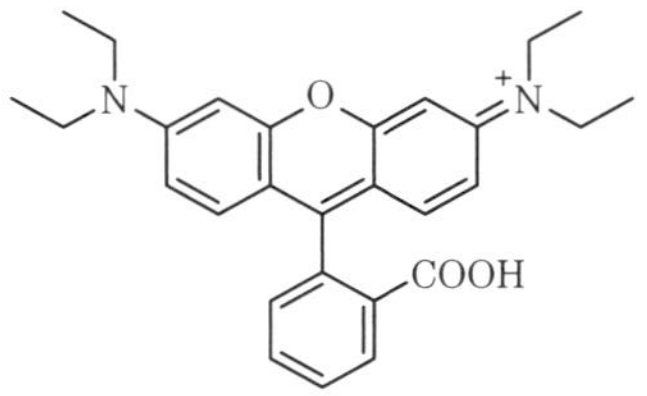

(f) ローダミン B
励起：543 nm
発光：565 nm

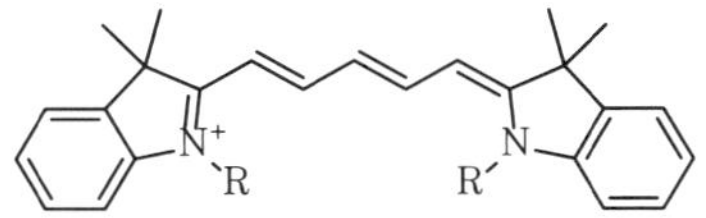

(g) Cy5
励起：650 nm
発光：670 nm

図 3.20 蛍光色素の化学構造例（代表的な励起・発光波長も併せて載せる。ただし，励起・発光波長は温度や溶媒などの影響を強く受けることに注意が必要である）

利な指標であるが,実際に観察される蛍光強度は分子が吸収した光子数に依存することに注意が必要である.すなわち,同じ量子収率であってもモル吸光係数の大きい物質のほうが蛍光強度は大きくなる.そのため,蛍光強度の指標として,モル吸光係数に量子収率を乗じた値である**輝度**が用いられる場合も多い.

$$輝度 = \varepsilon \times \Phi$$

蛍光発光の大きな特徴として周囲環境への応答性がある.すなわち,蛍光量子収率や蛍光波長は,温度や溶媒などの分子周囲の微小環境にきわめて強く依存する.この感受性を利用することによって,さまざまな分子やpHなどを検出するセンサー(蛍光プローブ)がこれまでに開発されている(**図3.21**).これらは,検出対象となる物質と結合することによってその蛍光強度(分子によっては蛍光波長も)が変化する.例えば,エチジウムブロミドは,DNAと結合することによってその発光強度が20倍程度増大する(図(a)).そのため,ゲル電気泳動などにおけるDNA検出試薬として用いられている.このように,蛍光プローブの蛍光強度を測定することによって,その分子周辺における標的物質の濃度を測定することができる.これまでに細胞や生体内部におけ

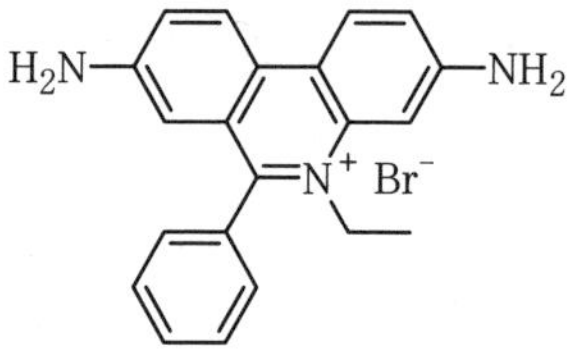

(a) エチジウムブロミド:DNA検出

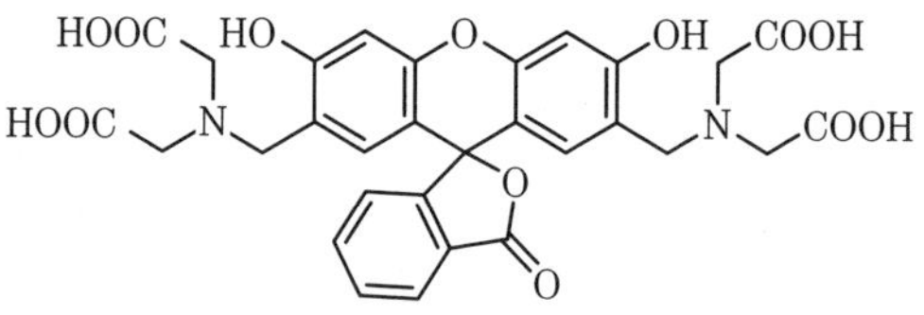

(b) カルセイン:Ca^{2+}検出

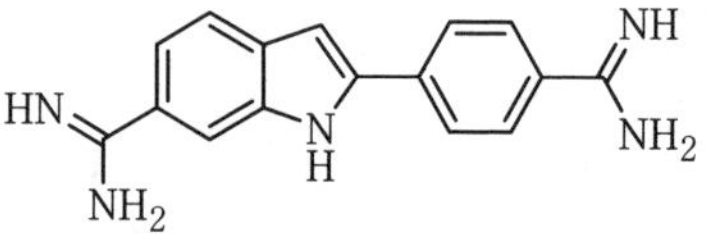

(c) DAPI:DNA検出(核染色)

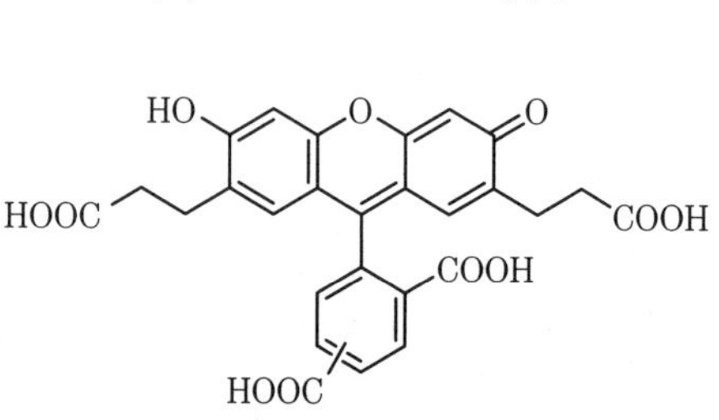

(d) BCECF:pH検出

図3.21 蛍光変化を利用した蛍光プローブの例

るさまざまな物質を対象とする蛍光プローブが開発されており，現在も盛んに研究されている．

3.7.3 蛍光共鳴エネルギー移動

ある分子が蛍光プローブとして機能するためには，対象となる周辺環境や標的分子に応じてその蛍光強度もしくは波長を変化させる必要がある．このような蛍光シグナルを変化させる機構としては，電子移動や励起錯体形成などさまざまな手法が知られている．本項では，近年バイオ分野で盛んに利用されている**蛍光共鳴エネルギー移動（FRET）**について概説する．この FRET は提唱者の名をとってフェルスター共鳴エネルギー移動とも呼ばれ，ある分子（ドナー）を励起した際に，そのエネルギーが共鳴機構によって近傍に位置する他の分子（アクセプター）に移動し，アクセプターが励起される現象である．したがって，アクセプター分子として蛍光色素を用いた場合には，ドナーを励起した際にアクセプターの発光が観察されることになる．FRETのエネルギー移動効率 (E) はドナーおよびアクセプターの蛍光強度から算出することができ，E が 1 のときはドナーを励起した際にアクセプターの発光のみが観察される．この E の距離依存性はつぎの式によって表現される．

$$E = \frac{1}{1+(r/R_0)^6}$$

ここで r はドナーとアクセプター間の距離，R_0 は**フェルスター半径**と呼ばれる値であり，エネルギー移動効率が 0.5 となる距離を表す．したがって，エネルギー移動効率は距離に従って**図 3.22** に表されるような変化を示す．大体 $0.5R_0$ から $2R_0$ の範囲でエネルギー移動効率が距離に応じて鋭敏に変化することがわかる．すなわち，ドナーとアクセプターがこの距離範囲内に存在するときには，エネルギー移動効率から距離を算出することが可能となる．

FRET の距離範囲を決める R_0 は，用いる色素ペアによって決まる．FRET が起きるためにはドナーの蛍光スペクトルとアクセプターの吸収スペクトルに重なりがある必要があり，このスペクトルの重なりが大きいほど R_0 は大きく

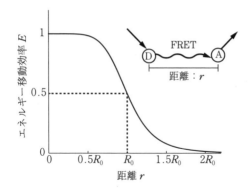

図3.22 FRETにおけるエネルギー移動効率（E）の距離（r）依存性（R_0はフェルスター半径を表す）

なる。また，R_0はドナーの量子収率やドナーとアクセプターの相対的な配向に依存する。特に配向依存性については，分子が自由に回転できる場合にはR_0は一定の値をとるが，ドナーとアクセプターの相対的な配向が固定されている場合は，分子の配向に応じてR_0が変化するので注意が必要である。このFRETは，さまざまな蛍光プローブの応答機構として利用されている他，最近では蛍光タンパク質間のFRETを利用した相互作用解析なども報告されている。

3.7.4 バイオテクノロジーへの応用1 ― ELISA法 ―

バイオテクノロジーにおいて蛍光分光法は欠くことのできない技術であるが，その一つの応用例に**酵素結合免疫吸着法（ELISA法）**がある。ELISA法は，目的とするタンパク質を蛍光もしくは吸収を用いて定量化する手法である。目的分子を直接固定化する直接吸着法なども知られているが，ここでは現在主流となっている**サンドイッチ法**について述べる（**図3.23**）。サンドイッチ法では，まず目的タンパク質に結合する抗体（**一次抗体**）を基板上に固定化する。その後，タンパク質を含む溶液を添加することで目的タンパク質を基板上の抗体に結合させ，洗浄することで結合しないタンパク質を除去する。その後，酵素を結合させた抗体（**二次抗体**）を加え，基板上の目的タンパク質と結合させる。最後に酵素反応によって発色もしくは蛍光を発する基質を加えてその吸収，蛍光量を測定することにより，目的タンパク質を定量化する手法であ

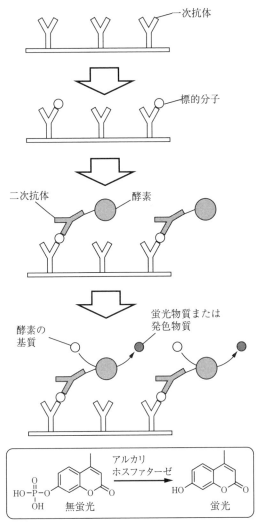

図 3.23 ELISA 法（サンドイッチ法）の模式図（図ではウンベリフェロン誘導体による発蛍光反応を示したが，発色性の基質もよく用いられる）

る。抗体に結合させる酵素としては，アルカリホスファターゼやペルオキシダーゼなどがよく用いられる。この手法では，標的に対して特異的に高い結合能を示す抗体を2種類利用することで，目的タンパク質のみをきわめて高い特

異性で検出することが可能である。また，酵素反応を利用することで，一分子の抗体に対し多くの基質が反応することによりシグナルを増幅させ，検出感度を向上させることができる。

3.7.5　バイオテクノロジーへの応用2―モレキュラービーコン―

核酸の配列特異的な検出は，遺伝子診断やその治療において非常に重要である。配列特異的にDNAやRNAを検出する技術の一つに，Tyagiらによって最初に報告された**モレキュラービーコン（MB）法**がある（図3.24）。MBとは，末端に蛍光色素および消光色素が結合した20～40 mer程度の長さをもつ一本鎖DNAである。蛍光色素としてはフルオレセインやCy3などがよく用いられ，消光剤としてはダブシルなどのアゾ系色素が用いられる場合が多い。このMBは分子内に5から7塩基対程度の自己相補的な配列（ステム部位）をもつために，単独でヘアピン構造を形成する。その結果，ターゲットがない状態では末端の蛍光色素と消光剤が近接し，電子移動やエネルギー移動によって蛍光が消光する。それに対し，ループ部位に相補的な標的DNAもしくはRNA存在下ではMBが開き，蛍光色素による発光が観察される。ループ部位の配列は自由に設計することが可能であり，任意の配列を検出するMBを設計することができる。このMBはターゲット存在下で発光が観察されるという特長があり，リアルタイムPCRや核酸イメージングなどの幅広い用途に用いられている。

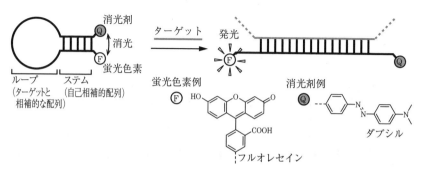

図3.24　モレキュラービーコンを用いた核酸検出の模式図

3.7.6 バイオテクノロジーへの応用3―DNAチップ―

蛍光を用いた遺伝子解析法のもう一つの例として，**DNAチップ**が挙げられる。DNAチップは **DNAマイクロアレイ** とも呼ばれ，DNAを高密度に集積化したガラスなどの基板を指す。DNAチップを利用した遺伝子解析法の概略を**図3.25**に示す。まず，標的となる核酸の相補的な配列をもつDNA（**プローブDNA**）を基板上に固定化する。この固定化は，あらかじめ合成したDNAを基板上に固定化する手法と，基板上でDNAを合成する手法がある。検出するサンプルはあらかじめ蛍光色素で標識しておく。基板上に固定化されたプローブDNAに対し，この標識されたサンプルを添加し二重鎖形成させる。その後プローブDNAと結合しなかったDNAを洗浄操作によって取り除き，蛍光強度を測定する。サンプル中に標的DNAが多く存在している場合は蛍光強度が強くなるため，標的DNAを定量することができる。また，1枚の基板上に数千から数万種類のプローブDNAを固定化することによって，多数の遺伝子を同時に解析することが可能である。このDNAチップは遺伝子の網羅的な発現解析が可能であるため，研究用途で幅広く用いられている他，近年では医療分野や食品分野における利用も増加している。

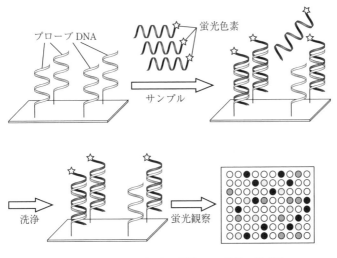

図3.25 DNAチップによる標的DNA検出の模式図

章 末 問 題

1. エタノール，ベンゼン，水，それぞれの溶媒に溶解している酢酸の会合状態について考察せよ。
2. アデニンの9位およびチミンの1位をアルキル基修飾し，それぞれをモル比で1：1になるようにクロロホルムに溶解させた。どのような構造体ができると予想されるか。またクロロホルムにエタノールを徐々に加えると，その構造体はどのように変化するか。
3. ミセルを形成している水中に大量のメタノールを加えたら，ミセルはどのように変化すると予想されるか。
4. CDが還元性をもたない理由を述べよ。
5. CDは，水以外にもピリジンおよびジメチルスルホキシド（DMSO）に溶解する。しかしこれらの溶媒に溶解したCDの基質包接能は，水溶液中と比べて著しく低下する。その理由を述べよ。
6. 図3.12のアトラジンインプリント高分子を用いてアトラジンおよびその誘導体の混合水溶液と接触させたところ，インプリント高分子は水中のほとんどすべての基質を吸着してしまった。その理由を考察せよ。
7. 窒素と二酸化炭素を分離可能な膜はどのように設計すればよいか。
8. 3.5節で述べた非イオン性ハイドロゲルの一種である，図3.26に示すアガロースゲル†の膨潤率は，水中の塩濃度にはあまり依存しない。一方イオン交換樹脂は純水中では大きく膨潤するが，塩濃度が高くなると膨潤率が低下する。その理由を述べよ。

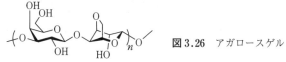

図3.26　アガロースゲル

9. PAGEでDNAを分離する際，二本鎖DNAを一本鎖に引きはがすためには7～8Mという高濃度の尿素を電気泳動バッファーに加える（変性PAGEという）。この場合の，尿素の役割について考察せよ。
10. Lambert-Beerの式によって物質の濃度を決定することが可能であるが，吸光度が2以上になると精度が低下する。なぜか。
11. 生体組織や細胞試料に対して蛍光プローブを適用する場合，紫外領域よりも長波長側に吸収・発光波長をもつ蛍光色素が用いられる場合が多い。なぜか。

---

† アガロースとは，1→3結合 β-D-ガラクトースと1→4結合3,6-アンヒドロ-α-L-ガラクトースの交互共重合体のこと。

参 考 文 献

1) 田宮信雄，村松正寛，八木達彦，遠藤斗志也 共訳：「ヴォート 基礎生化学 第4版」，2章，3章，東京化学同人 (2014)
2) 小宮山真，荒木孝二：「分子認識と生体機能」，2章，朝倉書店 (1989)
3) 日本化学会 編：「化学便覧 基礎編 第5版」，1章，丸善出版 (2005)
4) M.L. ベンダー（平井英史・小宮山真 共訳）：「シクロデキストリンの化学」，2章，3章，5章，学会出版センター (1979)
5) R.L. VanEtten, J.F. Sebastian, G.A. Clowes and M.L. Bender : "Acceleration of Phenyl Ester Cleavage by Cycloamyloses. A Model for Enzymatic Specificity", *J. Am. Chem. Soc.*, **89**, pp.3242-3253 (1967)
6) M. Komiyama and H. Hirai : "Selective Syntheses Using Cyclodextrin as Catalyst. 1. Control of Orientation in the Attack of Dichlorocarbene at Phenolates", *J. Am. Chem. Soc.*, **105**, pp.2018-2021 (1983)
7) M. Komiyama and H. Hirai : "Selective Syntheses Using Cyclodextrins as Catalysts. 2. Para-Oriented Carboxylation of Phenols", *J. Am. Chem. Soc.*, **106**, pp.174-178 (1984)
8) 上野昭彦 編集，戸田不二緒 監修：「シクロデキストリン〈基礎と応用〉」，1章，6章，産業図書 (1995)
9) シクロデキストリン学会 編：「ナノマテリアルシクロデキストリン」，Ⅳ編4〜6章，産業図書 (2005)
10) M. Komiyama, T. Takeuchi, T. Mukawa and H. Asanuma : "Molecular Imprinting; From Fundamentals to Applications", Chapter 3, Wiley-VCH (2003)
11) T. Osawa et al. : *Macromolecules*, **39**, pp.2460-2466 (2006)
12) 大矢晴彦，丹羽雅裕：「高機能分離膜」，3章，共立出版 (1988)
13) 荒木孝二，明石 満，高原 淳，工藤一秋：「有機機能材料」，6章，化学同人 (2006)
14) 中原勝儼：「色の科学」，1章，培風館 (1999)
15) 井上晴夫 ほか：「光化学Ⅰ」，丸善 (1999)
16) Lakowicz : "Principles of Fluorescence Spectroscopy", Chapter 1-3, Springer (2006)
17) S. Tyagi and F.R. Kramer : *Nat. Biotechnol.*, **14**, pp.303-308 (1996)
18) 関根光雄 編：「新しいDNAチップの科学と応用」，1章，講談社 (2007)

4
生体組織と接触する材料
―バイオマテリアル―

4.1 は じ め に

　疾病やケガで体の組織や臓器およびその一部が損傷，あるいは劣化した場合，その機能を"人工物"でしばらく代替する必要がある（**組織代替材料**）。このように損傷部位の機能回復まで補助する材料，あるいは半永久的に組織の一部を代替する材料は，（狭義の）**バイオマテリアル**とも呼ばれる。

　多くのバイオマテリアルは直接生体組織と接触するため，さまざまな制約の中で材料設計する必要が出てくる。バイオマテリアルにとって最も重要視されるスペックは，"生体に有害な影響を及ぼさない"という意味での**生体適合性**であろう。ではどのような材料が生体適合性を有しているのか。残念ながらすべての用途に生体適合性のある万能の材料は存在しない。

　「生体適合性」の意味も漠然としており，用途によって具体的なスペックは異なってくる。例えば回復可能な損傷の場合には，治癒するまでのある一定期間対応する代替材料が機能すればよい。火傷なら，皮膚が再生されるまでの間，炎症を起こさずに患部を環境から保護できればよい。

　一方心臓の弁のように，損傷を受けた組織が回復不能な場合は，半永久的に機能しなければならない。また常に血液と接触するので，**血栓**（血液の塊）を形成せず，周りの組織と炎症を起こさずに半永久的に劣化しないことが求められる。このようにバイオマテリアルは，用途によって具体的に要求される「生体適合性」の中身が異なる。すなわち用途によって異なるスペックを満たすバ

イオマテリアルが必要となる。

表 4.1 に示すように，現在では生体組織や血液と接触するさまざまなバイオマテリアルが開発されている。なお表に掲載したのはごく一部にすぎない。しかし，これらの材料がすべて合理的な設計指針に基づいて開発されたわけではない。そもそも異物であるバイオマテリアルが生体組織に接触すれば，**血栓形成**，**免疫反応**，**炎症反応**などの**拒絶反応**を起こす。

表 4.1 組織代替材料として使用されているバイオマテリアル[*]

組織代替材料の名称	使用されているバイオマテリアル
コンタクトレンズ	ポリメタクリル酸メチル（PMMA），ポリ（2-ヒドロキシエチル）メタクリレート（PHEMA），MPC ポリマー
眼内レンズ	PMMA
人工歯，義歯	PMMA，シリカコンジュゲート
人工心臓	セグメント化ポリウレタン
人工弁	パイロライトカーボン
人工肝臓	活性炭，多孔性ポリマービーズ
人工腎臓（透析膜）	セルロース，酢酸セルロース，PMMA，ポリスルホン
人工血管	ポリエステル，ポリテトラフルオロエチレン（PTFE）
人工関節	金属/超高分子量ポリエチレン
人工骨	アルミナ/ヒドロキシアパタイト，チタン合金

[*]「バイオマテリアル」（コロナ社）表1.1 および「医用材料工学」（コロナ社）表2.6 より抜粋。

このような拒絶反応を起こさない材料開発には拒絶反応の機構解明が必須であるが，後述するように血栓形成反応一つをとってもきわめて複雑なメカニズムであり，関与するタンパク質の種類も多い。そのため拒絶反応を抑制する材料設計の指針を合理的に抽出するのは現実には困難であり，材料開発ではどうしても試行錯誤を繰り返すことになる。さらに長期にわたって（半永久的に）拒絶反応を起こさないものも用途によっては要求されるため，試験だけでも時間がかかる。仮に安全性を十分吟味しなかった材料をそのまま流通させると，最悪の場合は命を落とすこともありうる。

このように，実用的な組織代替材料の開発には時間とコストがかかることを十分に認識してほしい。しかしその一方で，医療現場からの新規な材料に対す

る期待は大きい。高い生体適合性をもつ新たな材料が開発されれば革新的な医療の実現が期待できることから，今後さまざまな材料が開発されるであろう。本章では，生体組織の代替物としてのバイオマテリアル，あるいは生体組織と直接接触するバイオマテリアルについて，具体例を挙げて解説する。なお本章で紹介するバイオマテリアルはごく一部であり，詳細を勉強したい学生は，巻末に挙げた書籍を参考にしてほしい。

4.2 目に関連するバイオマテリアル

人間が感覚器官を通じて得る情報の87%は視覚情報といわれるほど，目は重要な組織である。したがって日常生活に支障を来さないよう，つねに正常な視覚を維持する必要がある。図4.1に目の模式図を示す。光は**角膜**を通過し，レンズの働きをする**水晶体**で屈折して**網膜**上で結像する。網膜上の結像に悪影響のある代表的な疾病は，例えば以下のようなものがある。

① 屈折異常（近視，遠視，乱視，老眼）
② 白内障　③ 角膜異常
④ 緑内障　⑤ 網膜剥離

このうち，代替材料で対応可能な疾病は，①〜③である。

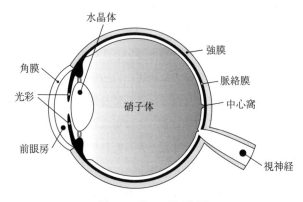

図4.1 目の断面図

4.2.1 コンタクトレンズ

コンタクトレンズは，主に視力矯正のため角膜上に直接装着させる。コンタクトレンズの素材に要求されるスペックは，透明であることはいうまでもないが，光彩程度の大きさの曲面を精密に加工するので，優れた加工性も必須である。一般的にレンズの素材にはガラスが使用されるが，加工性が低いためにコンタクトレンズには使用されない。

その点高分子は加工性に優れており，またガラスと比べて軽量なので，透明性に優れた高分子はハードコンタクトレンズの素材として最適である。事実ハードコンタクトレンズは，1940年代に**ポリメチルメタクリレート（PMMA）**を素材に用いたものが視力矯正用に開発された。

日本では，1950年代に当時名古屋大学の講師であった水谷氏により角膜矯正用に開発されたものが，最初のコンタクトレンズといわれている。しかしPMMAは酸素透過性が低いため，長時間の装着が困難なことや，慣れるのに時間がかかるといった問題があった。そこで，MMAを**図4.2**に示したシリコンあるいはフッ素を含むモノマーと共重合させることで，酸素透過性を向上させている。

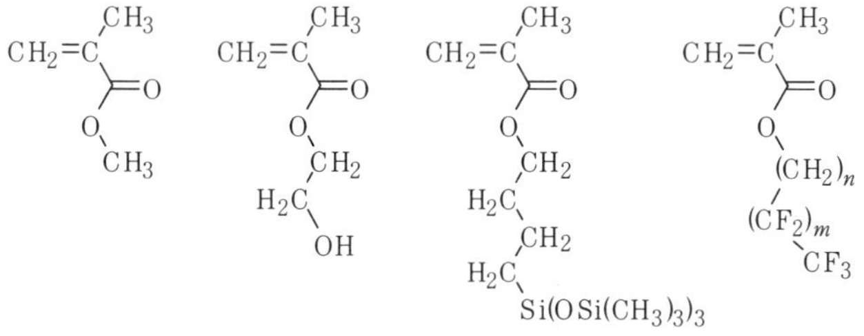

図4.2 コンタクトレンズに使用されるモノマー

弾力性に富むソフトコンタクトレンズは，装着時の違和感が小さいことから普及が進んだ。ソフトコンタクトレンズに使用される代表的な材料は，**ポリ2-ヒドロキシエチルメタクリレート（PHEMA）のハイドロゲル**である。PHEMAは含水率が高いほど酸素透過性が高いが，含水率が高いほどタンパク質などが

沈着しやすくなるため、衛生状態を保ちにくくなるという問題がある。そこでシリコンを共重合させることで酸素透過性を向上させた素材も開発されている。

4.2.2 眼内レンズ

加齢等で水晶体が白濁し視力が低下する白内障の治療には、白濁した水晶体を除去して人工レンズ（**眼内レンズ**）を水晶体のあった場所に装着する方法が一般的に行われる。眼内レンズに要求されるスペックは、コンタクトレンズと同様、以下のとおりである。

① 透明であること
② 加工性に優れていること
③ 軽量であること

これに加え、一度装着したら交換できないので、以下のことも必須である。

④ 眼房内で長期間安定に存在できること

このような要求を満たしているのが、コンタクトレンズにも使用されているPMMAである。眼内レンズは**図4.3**のような形状をしており、眼房内で固定するための支持体が付いているのが特徴である。

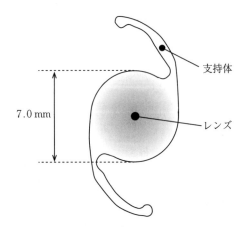

図4.3 眼内レンズの模式図

4.2.3 人工角膜

角膜の主要な機能は以下の二つである。

(1) 目の内容物の保護
(2) 網膜上への正常な結像

弾力のある角膜によって目は正常な眼圧を保つことができ，透明で凹凸のない適度な曲面が網膜上での結像を可能にする。角膜表面の凹凸で正常に結像できない場合は，コンタクトレンズで矯正できることもある。

しかし傷などで角膜が混濁した場合は角膜そのものを交換する必要がある。角膜ドナーがある場合には角膜移植手術で治療するが，移植が成功しない場合には視力を少しでも回復させるために人工角膜が検討されることもある。人工角膜に要求されるスペックは，レンズとして機能する中央部は軽量かつ透明であることであり，その周辺部（いわば"のりしろ"）は組織に安定して接着することである。

図 4.4 は**人工角膜**の模式図で，光透過部位には PMMA あるいは PHEMA ハイドロゲルが検討され，周辺部にはメッシュ状の **PTFE 繊維**や多孔性の素材が検討されている。しかし人工角膜に隣接する組織の壊死や炎症を引き起こすため，その開発はたいへん難しいのが現状である。

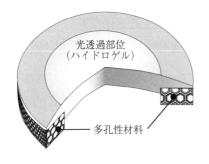

図 4.4　人工角膜の模式図

4.3 歯およびその周辺組織に関連するバイオマテリアル

歯の断面図を図4.5に示す。歯の最外面には人体の中で最も硬い生体組織の**エナメル質**が覆っており，その内側はエナメル質よりもやや柔らかい**象牙質**が占め，さらにその内側には血管と神経のある**歯髄**がある。口腔内で**歯肉**（**歯茎**）から出ている歯の上部は**歯冠**，歯槽骨に入っている歯の下部は**歯根**と呼ばれる。エナメル質は約95%，象牙質は約70%が無機物の**ヒドロキシアパタイト**（$Ca_{10}(PO_4)_6(OH)_2$）で構成されている。

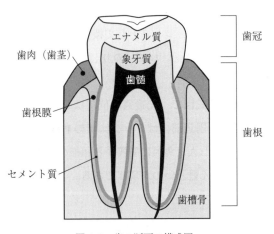

図4.5 歯の断面の模式図

誰でも一度は経験したことがある歯の疾患は，一般的に"虫歯"と呼ばれる**齲蝕**であろう。齲蝕は，糖質が分解されて生成する酸により歯の表面のエナメル質が溶解（**脱灰**）することで起きる。エナメル質のみの齲蝕は通常痛みを伴わず，また再石灰化により元に戻ることも可能だが，象牙質まで浸食されると痛みを伴うようになり治療が必要となる。しかし治療せずにそのまま放置すると，齲蝕がさらに進行して歯髄まで達し，もはや歯としての機能を維持することは不可能となり，異物排除機構で歯そのものが自然脱落することもある。こうなると義歯や人工歯根が必要となる。

4.3.1 人　工　歯

義歯（いわゆる"入れ歯"）は，人工歯とそれを支える**義歯床**（外見は歯肉）から構成されている。人工歯として要求される主なスペックは，以下のとおりである。

① 生体に害を及ぼさない。
② 十分な強度を有し，摩耗に強い。
③ 口腔内環境で劣化せず安定に存在する。
④ 天然の歯と外見が類似していること（審美性）。
⑤ 成型加工性に優れていること。

食物を口内で咀嚼するから①〜③は当然であるが，人目にふれるので審美性も要求される。また成型加工性もきわめて重要なスペックである。というのも人間は噛み合わせ（**咬合**）に対してたいへん敏感であり，最適の咬合状態からわずか $30\,\mu m$ の差が生じても違和感を覚える。虫歯の治療でも，患部を削り取り金属などで埋めた直後は歯が浮いたような感覚があるので，そのわずかな凹凸を除去するために表面を研磨機で磨く必要がある。

人工歯の材料としては，これまで長石や石英を主成分とした**セラミック**が使用されてきた（**陶歯**）。セラミックは上記①〜④は満たすものの，焼結した後は微細な成型加工性に乏しいという問題があった。それに対して高分子樹脂のみで作成される**レジン歯**は，微細加工に優れているが，強度および耐摩耗性において陶歯には及ばない。

そこで，強度および耐摩耗性に優れたシリカのようなセラミックス粒子を充填剤に用い，高分子をマトリックスに用いた**コンポジットレジン**が応用されている。なお，未修飾のシリカ粒子を高分子マトリックス中に単純に分散するだけでは十分な強度は得られない。そこで，シリカ粒子表面をビニル基で修飾し，マトリックスを構成するモノマーと共重合させる。具体的な操作を**図 4.6**に示す。

まず**シリカフィラー**の表面を**シランカップリング剤**（**γ-メタクリロキシプロピルトリメトキシシラン**，**γ-MPTMS**）で処理する。こうすることで，共重

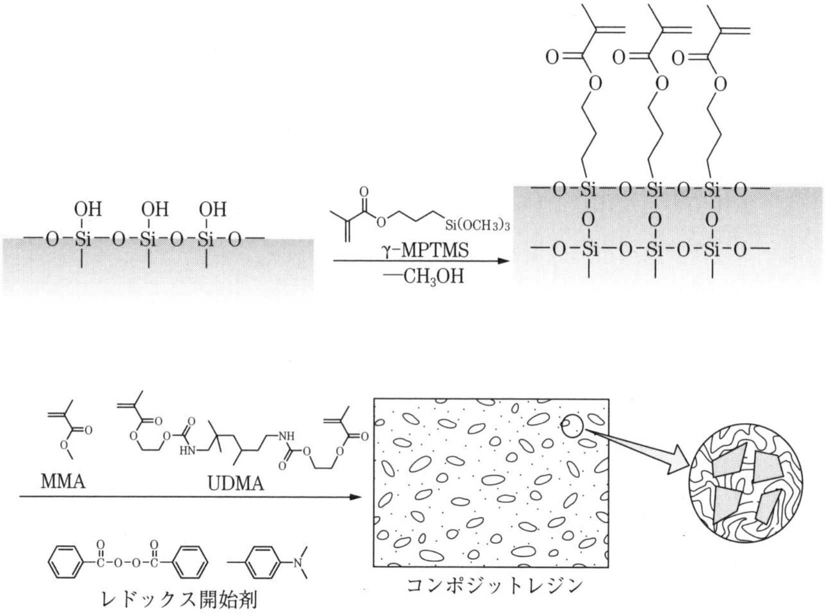

図 4.6 ビニル基修飾シリカフィラーとビニルモノマーとの共重合による
コンポジットレジンの調製

合可能なビニル基をもつシリカフィラーを調製する。これを架橋剤とともにMMA あるいは分子内にビニル基を二つ有する**ジ（メタクリロキシエチル）トリメチルヘキサメチレンジウレタン（UDMA）**中に分散して共重合させることで，強度と成型加工性を両立させた人工歯が得られる。なお重合開始剤にレドックス開始剤を使えば室温で反応させることが可能なので，コンポジットレジンは口腔内で歯冠の修復に用いることもできる。

4.3.2 義　歯　床

人工歯を支える人工組織が義歯床である。義歯床に要求されるスペックは，およそ以下のとおりである。

① 生体に害を及ぼさない。
② 咬合で変形しない十分な強度をもつ。

③ 口腔内環境で劣化せず安定に存在する。
④ 天然の歯と外見が類似している（審美性）。
⑤ 着色および成型加工性に優れている。

人工歯とかなり共通している。義歯床の素材には人工歯と同様にPMMA系が用いられる。なお人工歯にコンポジットレジンを使用した場合，義歯床と化学的接着が可能であり，また熱膨張係数など物理的な性質も同程度なので義歯床から脱落しにくいといった利点もある。

4.3.3 人工歯根（インプラント）

歯が1本欠損した場合，咀嚼に支障を来すだけでなく，そのまま放置すると周辺の歯が移動し，隙間ができることで健全な他の歯にも悪影響を及ぼすこともある。そこで欠損した部位の歯槽骨に**人工歯根**を埋め込み，その上に人工歯を固定する治療（**インプラント**治療）が行われる。人工歯根に要求されるスペックは，およそ以下のとおりである。

① 十分な強度をもつ。
② 長期間歯槽骨に固定できる。
③ 人工歯根周囲に感染を引き起こさない。

などである。強度と耐腐食性を併せもつチタンは骨と結合可能なことから，人工歯根の材料としては高分子ではなくチタン合金が使用される。

4.3.4 矯正治療用マテリアル

矯正治療とは，いびつな歯並びや噛み合わせ（**不正咬合**）を正常な状態にする治療である。顎の小さい人に通常のサイズの永久歯がすべて萌出すると，顎の中に歯が正常に収まりきれないため歯並びがいびつになりやすい。いわゆる"八重歯"も同じ原因である。なお正常だった歯が機能の一部を失う齲蝕や欠損とは異なり，いびつな歯並び自体は疾患とはいい難い。しかし顔の一部でもある歯は食物を咀嚼するという機能だけでなく，審美性も重要である。またいびつな歯並びは歯の効果的なブラッシングを困難にするため，齲蝕など歯の疾

患の間接的な原因にもなる。この治療の流れを以下に簡単に示す。

1) <u>診断に必要なデータの採取</u>： 具体的には歯型の採取，X線撮影などで歯並びの詳細な情報をとる。一般的には患者の歯型の精密な石膏模型を作製する。

2) <u>矯正治療計画の立案</u>： 1)で得られた情報を基に，顎のサイズに合わせて抜歯する数と部位を選定する。さらに治療装置の装着位置などを決める。

3) <u>抜歯・治療装置の装着</u>： 2)の計画に基づき，抜歯して治療装置を装着する。図4.7(a)は抜歯後に治療装置を歯に装着した写真である。歯は一定方向に負荷をかけるとその方向に動く性質がある。そこで歯にワイヤーを固定するための**ブラケット**（図(b)）を歯の表面に接着させ，ブラケットの溝に金属製のワイヤー（**アーチワイヤー**）をセットし，別のワイヤー（**タイイングワイヤー**）でブラケットに固定する。このときにワイヤーにかかる張力を調整することで，歯を目的の位置に移動させる。患者は定期的に医師の診察を受けて，計画どおりの位置に歯が移動するようにワイ

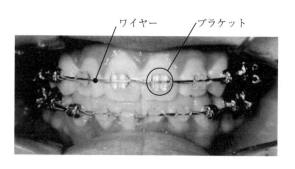

(a) 装着図

(b) ブラケットの種類

図4.7 矯正治療装置の装着図とワイヤーを支えるためのブラケット（いけもり矯正歯科より提供）

4.3 歯およびその周辺組織に関連するバイオマテリアル

ヤーの張力を適宜調整する。この作業が完了するのに通常は数年かかる。

4) <u>装置の脱着と歯の保定</u>: 歯が所定の位置に移動して歯並びが整ったら，すべての装置を外す。しかしワイヤーを外した直後の歯は不安定で，元の位置に戻ろうとする。そこで歯が安定するまで**リテーナー**と呼ばれる脱着可能な保定装置を数ヶ月間着用する。

以上が治療の流れであるが，ここで使用されている材料について説明する。まずワイヤーを固定するためのブラケットであるが，要求される主なスペックは，以下の二つである。

① ワイヤーに張力を加えても十分な強度を長期間維持できる。
② 口腔内で唾液や食物との接触で劣化しない。

ブラケットとしては金属（ステンレス）製が最適であるが，歯の色と異なるので目立ってしまい，審美性にどうしても欠ける。そこで，歯の色と区別がつきにくいセラミック製や透明な高分子樹脂製も利用される。図 4.7(b) のように，セラミック製のブラケットは金属製のものより目立たない。なお高分子樹脂製のブラケットは，数年着用しているとカレーなどで徐々に着色することもある。

ブラケットを歯の表面に装着する際には，高分子系の接着剤が使用される。例えば **4-メタクリルオキシエチルトリメト酸無水物（4-META）/MMA/トリ-n-ブチルボラン（TBB）** 系の接着剤がブラケットとエナメル質の接着に使用される。図 4.8 に挙げたモノマーはエナメル質に接着可能なモノマーであり，TBB が重合開始剤となり MMA と共重合することで強固な接着性を発揮する。

還元性の TBB は空気中の酸素が酸化剤となり，図 4.9 に示した反応でラジカルを発生する。すなわち TBB はレドックス開始剤である。

TBB は，水に触れると発火するなど，取扱いに注意を要する。にもかかわらず TBB をレドックス開始剤に使用する理由は，MMA をほぼ完全に消費して高分子化するためである。PMMA は，コンタクトレンズに使用されるなど毒性もなく生体適合性の高い高分子であるが，そのモノマーである MMA は，皮膚につくと赤くなり目に入ると痛みを生じるなど，毒性がある。TBB を開始

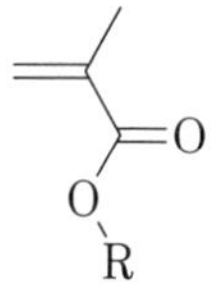

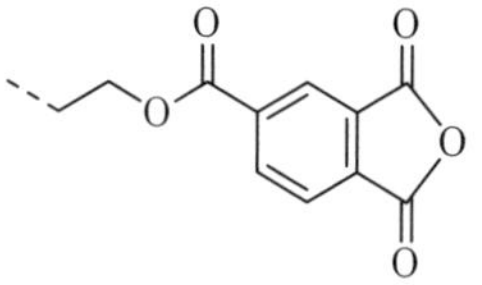

(a) 4-メタクリルオキシエチルトリメト酸無水物 (4-META)

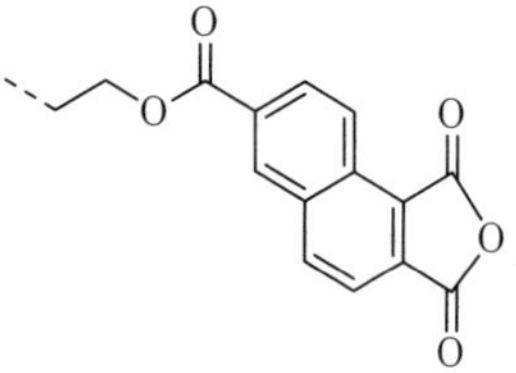

(b) 6-メタクリルオキシエチルナフタレン1,2,6-トリカルボン酸無水物 (MENTA-126)

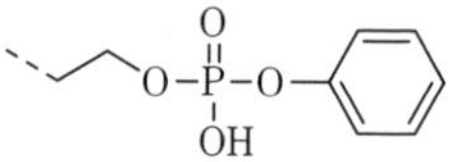

(c) 2-(フェニルホスホリル)エチルメタクリレート (Phenyl-P)

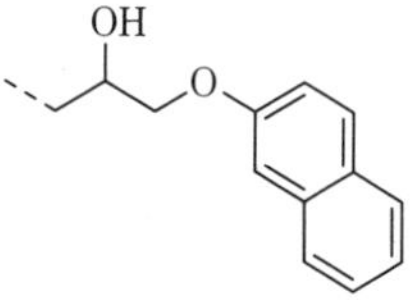

(d) 2-ヒドロキシ-3-(β-ナフトキシ)プロピルメタクリレート (HNPM)

図4.8 歯質接着性モノマーの一例

$$B(C_4H_9)_3 \xrightarrow{O_2} (C_4H_9)_2B\text{-}O\text{-}O\text{-}C_4H_9 \xrightarrow{2\,TBB}$$

$$2\cdot C_4H_9 + (C_4H_9)_2B\text{-}O\text{-}C_4H_9 + (C_4H_9)_2B\text{-}O\text{-}B(C_4H_9)_2$$

図4.9 TBBと酸素によるラジカル発生機構

剤に使用した場合,酸素が空気からつねに供給され続けるのでラジカルが継続的に発生し,毒性のあるMMAをほぼ完全に重合させることが可能になる。

矯正治療や義歯設計のために精密な歯型をとる材料(**印象材**)にも,興味深い物性をもった天然由来の高分子が使用されている。頻繁に使用されるものは,**アルギン酸**を主成分とした印象材(**アルギン酸印象材**)である。アルギン酸は**図4.10**に示すように**L-グルロン酸**と**D-マンヌロン酸**が1-4結合した高分子である。昆布などに多く含まれる天然由来の多糖類なので,増粘剤やゲル化剤として食品にも添加されている。

アルギン酸のナトリウム塩は水溶性だが,カルシウムのような2価の金属イ

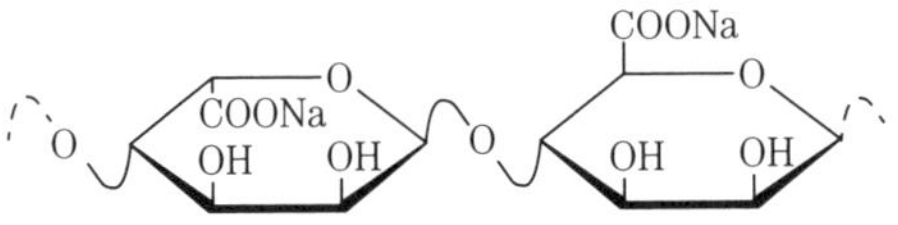

L-グルロン酸　D-マンヌロン酸

図 4.10　アルギン酸のナトリウム塩の構造

オンを添加すると静電架橋してゲル化するという特徴をもつ。そこで，カルシウム塩（$CaSO_4$）を添加したアルギン酸ナトリウムを含むペーストをトレイに盛り，これを歯に圧接させる。しばらくするとペーストが硬化するので，歯からはがすことで型がとれる。なお硬化反応は急速に起こるので，印象材の原料を混和している最中に硬化することを避けるため，リン酸ナトリウムやシュウ酸ナトリウムなど，カルシウムイオンと相互作用しやすい塩が反応遅延剤として添加されている。

4.4　創傷被覆材（人工皮膚）

成人の皮膚は，表面積が約 1.8 m^2，重量にして約 16% を占める重要な組織である。皮膚は**図 4.11** のように表皮と真皮に分類され，さらに表皮は上から**角質層**，**顆粒層**，**有棘層**，**基底層**に分類される。真皮は**繊維芽細胞**や**コラーゲン**などから構成されており，**毛根**や**汗腺**を含んでいる。皮膚は，以下のような重要な機能を担っており，外傷でその機能が失われた場合には人体に重篤（じゅうとく）な影響がある。

① 体の内部の保護　② 体温調節

③ 各種の感覚　④ 皮脂や汗の分泌

⑤ 物質の吸収

熱傷（やけど）などで皮膚が自然治癒困難なほど損傷した場合には，まず患者自身の皮膚の移植（**自家移植**）を検討するが，それも困難な場合には人工皮膚が必要となる。理想的な人工皮膚とは，被覆したらそのまま生着（せいちゃく）するものである。しかし残念ながらそのような人工皮膚はいまのところ開発されておらず，現在利

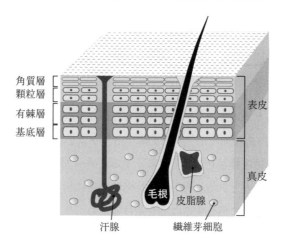

図 4.11　皮膚の断面の模式図

用されているものは，"人工皮膚"というよりは治癒するまで一時的に創傷部位を被覆・保護することを目的とした**"創傷被覆材"**である。
創傷被覆材として要求されるスペックは，以下のとおりである。

① 細菌感染など外部環境からの創傷部位の保護
② 適度な水分の透過
③ 表皮組織の再生促進

絆創膏やガーゼ付き絆創膏（例えばバンドエイド）の機能と類似している。損傷部位と直接接触する部位に使用されるバイオマテリアルとしては，コラーゲンやキチン，アルギン酸カルシウムなど生物由来の材料や，ポリウレタン，ポリビニルピロリドンなど人工高分子を利用した膜がある。これらはそのままで，あるいは抗生物質や抗菌剤を内包させて，創傷部位に被覆される。

表面組織の形成促進を目的とした Yannas 型の人工皮膚は，**図 4.12** のように2層構造をしており，コラーゲンとコンドロイチン硫酸からなる多孔性のスポンジシートと**シリコーン**（ポリジメチルシロキサン）シートから構成されている。創傷部位と直接接触する内層のスポンジシートには繊維芽細胞が増殖しやすいよう，グリコサミノグリカンが加えられている。外層のシリコーンシート

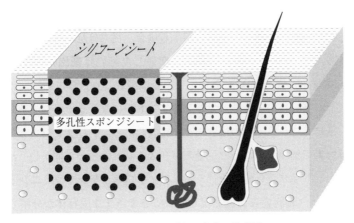

図 4.12 Yannas 型人工皮膚の模式図

は，細菌などが外部から侵入するのを防ぎつつ，水分の透過の適度なコントロールを行う．表面組織の形成に伴いスポンジシートは分解・吸収され，組織が再生されればシリコーンシートは容易にはがすことができる．

4.5 組織培養用マテリアル

　以上で述べてきたのは損傷した組織を人工物で代替した例であるが，バイオマテリアルにはさまざまな厳しいスペックが要求される．しかし理想的な治療は，患者自身の細胞から組織を再構築して損傷した部位に戻すことであろう．自分自身の細胞を増殖・分化させて再生させた組織を使えば，原理的には拒絶反応はなくなり，ほぼ完全な生体適合性が期待できる．このような**再生医療**は，ES 細胞や iPS 細胞の発展に伴い，実現にはまだ時間がかかるものの有望な治療法としてクローズアップされつつある．したがって**組織培養**は，将来の再生医療を支える重要な技術となるであろう．現状では，心臓や肝臓のように血管が巡らされた複雑な構造と機能をもつ組織を再生させることは不可能である．しかし組織培養でシート状の細胞組織をつくり出し，これを治療に応用する方法は大きく進歩している．

一般に細胞は適度な疎水性をもつ表面には接着するが，親水性の高い表面には接着しない。シート状に細胞を培養する場合，従来は足場として疎水性のポリスチレン培養皿が用いられてきた。増殖した細胞は**細胞外マトリックス**（extracellular matrix, **ECM**）を介して表面に接着し，さらに細胞同士接着して培養皿を一層被覆する状態（**コンフルエント**）になるまで培養する。

このようにしてシート状の培養細胞が完成したら，**トリプシン**などのタンパク質分解酵素で処理することで足場のポリスチレン表面からはがし，治療に用いる。しかしトリプシン処理を行うと，**フィブロネクチン**や**ラミニン**といったECM構成分子，細胞膜表面に発現しているさまざまな受容体が分解されるという問題があった。

ポリN-イソプロピルアクリルアミド（poly N-isopropylacrylamide, **PNIPAAm**）は，31℃以下では親水性を示すが31℃以上では疎水性に転移する温度感受性高分子である。この水溶性―不溶性に変化する温度のことを**下限臨界溶液温度**（lower critical solution temperature, **LCST**）と呼ぶ。すなわちPNIPAAmはLCSTの31℃以下では水に溶解しているが，31℃以上に温度を上げると水に溶解しなくなるために沈殿（あるいは水溶液が白濁）する。

岡野らは，PNIPAAmを表面に電子線重合法でごく薄く固定化した細胞培養皿を開発した。この培養皿は，細胞培養温度の37℃ではLCST以上なので表面が疎水性になり，**図4.13**の左に示したように，コンフルエントになるまで細胞培養することが可能である。

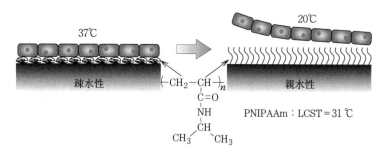

図4.13　PNIPAAm修飾培養皿を用いた細胞シートの非破壊回収

この後に LCST 以下の 20℃ に培養温度を下げると表面が親水的になるため，培養細胞が接着できなくなり，図 4.13 の右のように自発的に剥離する。すなわち剥離のためにトリプシン処理の必要がなく，ECM や細胞膜タンパク質を破壊することなく細胞シートを回収することができる。得られた細胞シートには「糊」として機能する ECM などが維持されているので，患部への移植が容易になる。

　この細胞シートは実際に臨床応用され，再生治療が実現している。例えば 4.2.3 項で述べたように人工角膜の開発はたいへん難しいが，組織培養した角膜上皮シートを用いれば再生治療が可能である。具体的には，患者の輪部組織から上皮幹細胞を回収して上記の方法でシート状の角膜上皮細胞を得る。これを患者の目に移植することで角膜の再生を実現している。他にも，皮膚や食道にも細胞シートが臨床応用されている。また 3 枚程度積層した細胞シートが，心筋や歯周組織の再生治療に応用されている。

4.6　血液に接触するバイオマテリアル

　血液は異物と接触すると**血液凝固反応**が始まる。血液凝固反応自体は，血管損傷による血液漏出を防止するための人体の重要な防御機構だが，異物であるバイオマテリアルが血液と接触することでも同様の血液凝固反応が起こる。その結果，血栓の形成や，生成した**血液凝固塊**が血流にのって毛細血管の閉塞を引き起こす。例えば凝固塊が脳の血管を閉塞すれば，**脳梗塞**の一種である**脳塞栓症**など生命に関わる重篤な障害となる。したがって血液と接触するバイオマテリアルには，**抗血栓性**が強く求められる。

　抗血栓性の材料開発には，血液凝固機構の理解が不可欠である。まずヒトの血液は，細胞性成分である**血球**成分と**血漿**成分からなり，血球成分の約 96% が**赤血球**，3% が**白血球**，そして約 1% が**血小板**で構成されている。これら血球成分の中では，細胞核をもたない血小板が血栓形成に大きな役割を果たす。血栓形成反応には，つぎの二つのプロセスが存在する。

120   4. 生体組織と接触する材料—バイオマテリアル—

1) 血小板系
2) 血漿中の血液凝固因子の反応

さらにこれらが複合的に作用して赤い血の塊である**赤色血栓**が形成される。2)の**血液凝固因子**の反応は，その開始機序によって外因系経路と内因系経路の2種類に分類される。まずは血小板系のプロセスについて説明する。

4.6.1 血小板反応

血小板および血小板に基づいた血液凝固反応の模式図を**図 4.14**に示す。血小板中には，図(a)のように**α顆粒**や**濃染顆粒**と呼ばれる粒子内や細胞質に血液凝固反応に関連するさまざまな因子が内包されており，膜には血管損傷部位への付着や凝集に関連するレセプターが存在する。

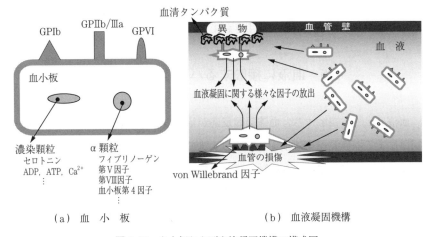

(a) 血 小 板   (b) 血液凝固機構

図 4.14 血小板および血液凝固機構の模式図

血小板は，損傷のない正常な血管を流れている間は吸着や凝集することもなく不活性な状態にあるが，外傷を負った血管や異物であるバイオマテリアルと接触すると，血小板が付着する。血管が損傷して内皮細胞下組織のコラーゲンやフィブロネクチンが血液と接触すると，血液中の**von Willebrand因子**を介して血小板膜上の血小板糖タンパク質であるGPIbを通じてこれらに付着す

る。血小板が付着すると偽足を出してさらに強く吸着する。

一方のバイオマテリアルのような異物表面に対しては，まず**血清タンパク質**が吸着してさらにコンフォメーション変化を引き起こし，そこへ血小板が膜に存在するGPIIb/IIIを通じて付着する。血小板が付着するとそれが刺激となり活性化されて形態変化を引き起こし，内部からさまざまな物質（トロンボキサンA_2，ADP，トロンビンなど）が放出される。これが引き金となってさらに血小板が呼び込まれ，それぞれの血小板がさらに活性化される。活性化に伴いGPIIb/IIIaの**フィブリノーゲン受容体**が血小板膜表面に露出するため，**フィブリノーゲン**を通じて血小板は凝集塊（**白色血栓**）を生成する（**一次止血**）。

一次止血だけでは不十分なので，血小板から血液凝固に関連するさまざまな因子が放出され，以下に述べるような血漿による血液凝固反応を経て**フィブリンポリマー**で覆われることで血栓（赤色血栓）が完成する（**二次止血**）。

4.6.2 凝固因子系反応

血漿中には**表4.2**に示したように，血液凝固に関する因子が十数種類ある。

表4.2 血液凝固に関連する因子

凝固因子	名　　称	活性型（因子の数字にaを付加）
第I因子	フィブリノーゲン	フィブリン
II	プロトロンビン	トロンビン（セリンプロテアーゼ）
III	組織トロンボプラスチン	
IV	Ca^{2+}	
V	Ac-グロブリン	補助因子
VII	プロコンバーチン	セリンプロテアーゼ
VIII	抗血友病因子	補助因子
IX	クリスマス因子	セリンプロテアーゼ
X	スチュワート因子	セリンプロテアーゼ
XI	血漿トロンボプラスチン前駆体	セリンプロテアーゼ
XII	ハーゲマン因子	セリンプロテアーゼ
XIII	プロトランスグルタミナーゼ	トランスグルタミナーゼ
―	プレカリクレイン	セリンプロテアーゼ
―	高分子キニノーゲン	補助因子

これらが複雑な**カスケード反応**を起こし，可溶性のフィブリノーゲンがフィブリンポリマー化することで血液凝固を促進する。ここでフィブリノーゲンに直接作用する酵素が**セリンプロテアーゼ**の**トロンビン**である。血漿中に存在するさまざまな血液凝固因子はカスケード的に活性化されて，最終的にプロトロンビン（第Ⅱ因子）をトロンビンに変化させる。

トロンビンはフィブリノーゲンをフィブリンに変えるとともに第ⅩⅢ因子を活性化させ，その**トランスグルタミナーゼ**活性により Ca^{2+} イオン存在下フィブリンポリマーを架橋して安定化させ，止血が完了する。この活性化プロセスには外因性経路と内因性経路の2種類がある。

〔1〕 **外因性経路** 血液凝固カスケード反応の外因性経路を**図 4.15**に模式的に示す。血管壁が損傷を受けると**組織因子**（第Ⅲ因子）という膜タンパク質が放出され，これが第Ⅶ因子および Ca^{2+} と結合してセリンプロテアーゼとして活性化され（Ⅶa 因子），第Ⅹ因子を活性型 Xa 因子に変える。活性型 Xa 因子はつぎに第Ⅴ因子と血小板第Ⅲ因子（PF3）と結合し，トロンボキナーゼという酵素複合体を形成する。

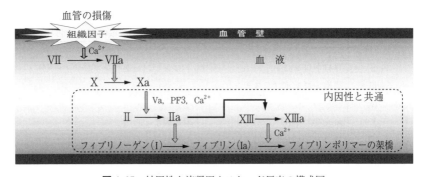

図 4.15 外因性血液凝固カスケード反応の模式図

トロンボキナーゼは，プロトロンビン（第Ⅱ因子）をトロンビンに変化させるので，最終的にフィブリノーゲンのフィブリンポリマー化を促進し，ゲル状の血栓（**フィブリン血栓**）を形成する。外因性経路による血栓形成は，比較的単純なシステムである。また組織因子は**血管内皮細胞**では発現していないのに

対し，血管壁を含む多くの組織で発現しているので，外傷で出血した場合に素早く止血するのに適している。

〔2〕 **内因性経路**　血液凝固カスケード反応の内因性経路を**図 4.16**にまとめて示す。内因性経路は第XII因子（**ハーゲマン因子**）が異物との接触で活性化されることから開始する。例えば血管内皮細胞で露出したコラーゲンやガラスのような負電荷をもった表面に第XII因子が付着し，構造変化および自己切断反応を経て活性化第XII因子へと変化する。

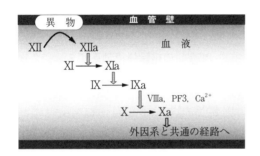

図 4.16　内因性血液凝固カスケード反応の模式図

活性化された因子は，異物に固定化された第XI因子を活性化し（第XIa因子），これがさらに第IX因子を第IXa因子へと活性化させる。第IXa因子は，血小板第III因子（PF3）上に，第VIIIa因子，Ca^{2+}イオンが複合体を形成することで，第X因子を活性化させる（第Xa因子）。この先は，外因性経路と同じプロセスをたどって**フィブリン**が形成される。

4.6.3　抗血栓性をもつバイオマテリアルの設計

血管中の血液が凝固することがないのは，血液に直接接触する血管内皮細胞がプロスタサイクリンやアンチトロンビンIIIなどを分泌し，血栓形成反応を積極的に抑制しているからである。では，内皮細胞に匹敵するバイオマテリアルが存在するかというと，残念ながら現状では完全な抗血栓性をもつバイオマテリアルは存在しない。不完全とはいえ，血液凝固反応機構を基にして血栓反応を抑制可能なさまざまなバイオマテリアルが提案されてきた。

〔1〕　**疎水性の高い表面**　抗血栓性バイオマテリアルの開発では，異物と

の接触が引き金となる血小板反応および内因性反応を抑制する必要がある。初期に提案された概念は，表面自由エネルギーが小さい不活性な表面を形成し，血液成分と相互作用しにくくするというものである。具体的には疎水性の高い材料で，ポリジメチルシロキサン（シリコーン），**ポリテトラフルオロエチレン（PTFE）**，ポリエチレンなどである。これらは実際に血液接触型のバイオマテリアルとして使用されているものの，抗血栓性を有しているとはいい難い。

〔2〕 **高親水性表面**　これとは対極の概念が，高含水率表面によるタンパク質吸着の抑制である。具体的にはポリエチレングリコール（PEG）で素材表面をグラフト化する。水溶性で高い運動性をもつPEG鎖は，タンパク質の材料表面への接近を妨げる。つまりPEG鎖の**排除体積効果**でタンパク質の吸着を抑制する。事実，PEG鎖で修飾した材料表面は血小板やタンパク質の吸着を抑制し，抗血栓性を示すことが報告されている。

〔3〕 **ミクロ相分離表面**　一方，上記のような親水性あるいは疎水性のどちらかに偏った表面ではなく，親・疎水部が融合せずモザイク状に分離したミクロ不均一表面が高い抗血栓性を示すことが報告されている。例えば，ポリスチレン（PSt）とポリ2-ヒドロキシエチルメタクリレート（PHEMA）のブロック共重合体は，PStが疎水ドメインを形成するのに対してPHEMAは親水性ドメインを形成する。両ドメインは性質がまったく異なるため分子レベルで相溶することができず，たがいのドメインが分離した**ミクロ相分離構造（ミクロドメイン構造）**を形成する。

岡野らによれば，PStとPHEMAの組成をさまざま検討した結果，ミクロドメインの幅が25 nmのブロック共重合体が優れた抗血栓性を示すことが報告されている。この場合，**図4.17**に模式的に示したように，血漿中のタンパク質である**アルブミン**が親水性のドメインに吸着するのに対し，**γ-グロブリン**は疎水性ドメインに吸着する。

このように組織化されて吸着した血漿中のタンパク質が，血小板表面の膜タンパク質の流動性を抑制し，結果として血小板の活性化が抑制されると説明している。また後述するセグメント化ポリウレタンも，ミクロ相分離構造に基づ

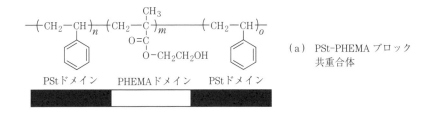

(a) PSt-PHEMA ブロック共重合体

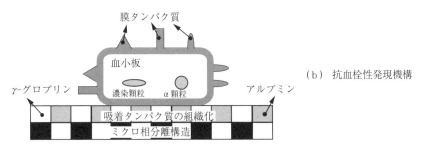

(b) 抗血栓性発現機構

図 4.17 PSt-PHEMA ブロック共重合体による抗血栓性発現機構の模式図

く高い抗血栓性をもつことが報告されている。

〔4〕 **生体膜を模倣したバイオマテリアル** 動物細胞は細胞膜で覆われており，その細胞膜の主成分はリン脂質である。血管内皮細胞も同様に，血液と直接接触する細胞膜の主成分はリン脂質であることから，**ホスホリルコリン基**を有する高分子で表面修飾する手法が石原らによって開発された。

具体的には，**図 4.18** に示したホスホリルコリン基をもつアクリル酸系モノマーの **2-メタクリロイルオキシエチルホスホリルコリン**（**MPC**）の単独重合体（ホモポリマー）あるいは共重合体である。この **MPC ポリマー**は抗血栓性を示すきわめて有望なバイオマテリアルとして知られている。

MPC ポリマーで覆われた材料表面は血漿中のタンパク質の吸着が抑制され，またタンパク質の変性も起こしにくい。すなわち血栓形成の引き金となる

図 4.18 高い抗血栓性を示す MPC ポリマー

タンパク質吸着や変性を抑制することができる。また一方で，MPCポリマーは血液中のリン脂質とは高い親和性がある。血液がMPCポリマーと接触すると，まずリン脂質がその表面に吸着層を形成し，この吸着層が血管内皮表面と類似した構造をとるため，高い抗血栓性を示すと考えられている。

〔5〕 **抗凝結作用をもつ薬剤** 以上述べてきたように，抗血栓性の付与を目指したバイオマテリアルが開発されており，これら以外にもさまざまな抗血栓性バイオマテリアルが検討されている。しかし冒頭でも述べたように，血管内皮細胞に匹敵するような完全な抗血栓性をもつバイオマテリアルは未だ開発されておらず，現状では**抗凝結作用**をもった薬剤と併用することで対応している。抗凝結作用をもつ典型的な薬剤は，図4.19に示した**ワルファリン**（warfarin）と，ムコ多糖類の一種である**ヘパリン**である。

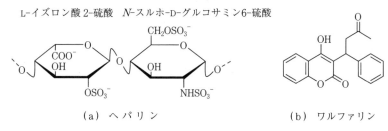

図4.19 抗凝結作用をもつ薬剤

ヘパリンは，D-**グルクロン酸**あるいはL-**イズロン酸**とD-**グルコサミン**の二量体の繰返し構造をもっており，C2のアミノ基やC6が高度に硫酸化された負電荷をもつ多糖である。肝臓で見出されたことから，ラテン語の肝臓を意味する"hepar"からヘパリン（heparin）と命名された。

ヘパリンはアンチトロンビンⅢと結合してこれを活性化する。活性化されたアンチトロンビンⅢは，第Xa因子やトロンビン（第Ⅱa因子）の活性領域に結合することで不活性化し，血液凝固反応を阻害する。表面電荷が高く分子量も大きなヘパリンは腸管からは吸収されないので，静脈注射や皮下注射で投与される。

ワルファリンは,ヘパリンと異なり低分子量なので経口投与可能な抗凝結剤である。表4.2に挙げた血液凝固因子の中で,第II,第VII,第IX,および第X因子などは肝臓でビタミンK依存的に生合成される。ワルファリンは,このビタミンKと拮抗的に作用することでこれら血液凝固因子の生合成を抑制し,血液凝固を妨げる。

4.7 人工血管,人工心臓,人工弁

人工血管の素材には,高い抗血栓性は当然として,高い耐久性や柔軟性も要求される。初期には,材料自身に高い抗血栓性を付与することを目的として平滑な表面をもつバイオマテリアルが検討された。例えば表面がなめらかなゴムチューブなどが試されたが,血栓形成あるいは血栓剥離(はくり)による血管塞栓(そくせん)を防止することができず,実用化に至らなかった。

この問題をまったく逆の発想で解決したのが,Voorheesらであった。彼らはむしろ表面を粗くして血栓を絡ませることで剥離を防止すればよいと考えた。血栓の形成しやすい粗い表面は時間とともに血栓が成長してすぐに血管が閉塞すると考えられていたが,実際には動脈のように血流の速い環境では血栓は一定以上の厚さには成長せず安定化した。さらに治癒効果で**偽内膜**が形成され,抗血栓性を獲得した。このように血栓形成を逆手にとって実用可能な人工血管を実現した。

人工血管に使用されるバイオマテリアルは,人工繊維や飲料用のボトルに使用されているポリエチレンテレフタレート(PET)やポリテトラフルオロエチレン(PTFE)である。**図4.20**に実用化されている人工血管の写真を載せる。これはポリエステル繊維を管状に編んだもので,管状成形したPTFEを延伸処理したものも人工血管として実用化されている。

布状に編んだ人工血管では血液が漏れる可能性があるので,あらかじめ患者の血液を通して繊維に染み込ませてその隙間を埋めるような前処理が必要な場合もある。なお人工血管表面に偽内膜を形成させる必要があることから,現状

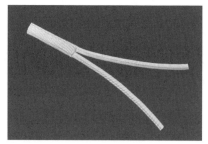

図 4.20 ポリエステル製人工血管（ポリエステル糸編みの平織の人工血管に，内面をゼラチンでコーティング，日本ライフライン（株）より提供）

では内径 6 mm 以上の動脈にしか適用できない。

心臓は血液を全身に送り出すポンプの役割を担っているので，**人工心臓**に使用するバイオマテリアルには優れた力学的特性が要求される。もちろん高い抗血栓性も求められるが，メカニカルな運動をする人工心臓では人工血管と同様の偽内膜形成による抗血栓性の付与は困難なので，マテリアル自身の抗血栓性が求められる。

いまのところ**図 4.21** に示すような，**ハードセグメント**と**ソフトセグメント**のブロックから構成されている**セグメント化ポリウレタン**が有望である。なお永久使用可能な埋込み型人工心臓はまだ開発途中で，実用化には至っていない。

（a）ハードセグメント

（b）ソフトセグメント

図 4.21 セグメント化ポリウレタンの構造の一例

心臓弁の代替として実用化されている**人工弁**も高い抗血栓性が要求される。人工弁には，すべて人工材料で作成した**機械弁**と生体由来材料で作成した**生体弁**の2種類がある。

機械弁は**図4.22**(a)に示したような二葉弁が使用されており，その素材として**熱分解炭素（パイロライトカーボン）**が使用されている。抗血栓性を向上させるために表面を平滑に研磨しているが，十分ではないためワルファリンを服用する必要がある。

(a) 機 械 弁

(b) 生 体 弁

図4.22 機械弁および生体弁（写真の機械弁は大動脈用である，日本ライフライン（株）より提供）

一方の生体弁は，図(b)に示したように，心臓と同様の**三葉弁**で，ブタ大動脈弁やウシ心嚢膜を化学処理したものが使用されている。生体弁は機械弁と比較して耐久性に劣るものの，抗凝固剤を服用しなくてすむ場合もあるほどの高い抗血栓性をもつ。

4.8 人工腎臓（透析膜）

人工腎臓による**血液透析**治療は，糖尿病や腎硬化症などが進行して腎機能を失った慢性腎不全患者に対する治療として施される。1970年代に確立された血液透析治療の患者は増加傾向にあり，2010年から2011年にかけて30万人を超えた。

透析治療患者は，**図 4.23** のような血液循環回路に自身の血液を通液し，人工腎臓で**中空糸膜**を介して透析液と接触させることで血液中の**尿素**や**クレアチニン**などの老廃物を除去しつつ電解液濃度（Na^+, K^+, Ca^{2+}, リン酸）を調整して体内に戻すという操作が行われる。この治療には1回に約4時間を要し，1週間に3回行う必要があり，患者にとって大きな負担となっている。

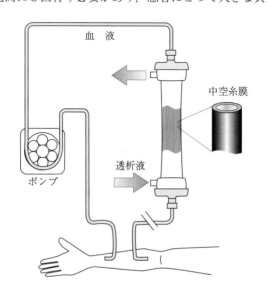

図 4.23 人工腎臓を用いた血液透析

人工腎臓の中には内径約 200 μm の中空糸膜が約1万本束ねられて充填されており，中空糸中を血液が通り，その外側を透析液が流れる。中空糸膜に要求されるスペックは，およそ以下のとおりである。

① 尿素やクレアチニンが透過可能
② Na^+, K^+, Ca^{2+}, リン酸などの電解質が透過可能
③ 血球成分および血漿中の有用なタンパク質は透過させないこと
④ 十分な機械強度を有していること
⑤ 水透過性に優れていること
⑥ 抗血栓性をもつこと

実際には，ポリスルホン，**ポリエーテルスルホン**，PMMA，**トリアセチルセルロース**，**エチレン-ビニルアルコール共重合体（EVA）** などが膜素材として

4.8 人工腎臓（透析膜）

使用されている。ここではポリスルホン膜と PMMA 膜を用いた人工腎臓について詳細に説明する。

〔1〕 **ポリスルホン膜**　人工腎臓に内蔵されている中空糸膜としては，分離材料の章でも扱ったポリスルホンが主流である。ポリスルホンは**ポリビニルピロリドン**に対し，溶媒条件によって相溶状態から非相溶状態に変化する。この性質を利用して nm スケールの相分離構造をもつ中空糸膜が製造されている。また親水性のポリビニルピロリドンは，血小板の付着を抑制する機能も併せもっている。

ポリスルホン膜は，図 **4.24** に示すように膜の外表面から内表面に向かって

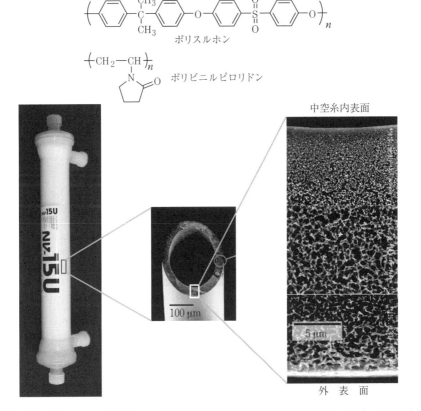

図 **4.24**　ポリスルホン膜を用いた人工腎臓（人工腎臓およびSEM写真は東レ（株）より提供）

徐々に細孔径が小さく緻密になる非対称な構造をしている。分離を行う抵抗の大きな緻密層は薄く設計することで，高い透過性とシャープな分離を実現している。

〔2〕 **PMMA膜**　中空糸膜に使用されるPMMAは，ラジカル重合で得られるアタクチックPMMAではなく，異なる立体規則性をもつ**イソタクチック(*iso*-)PMMA**と**シンジオタクチック(*syn*-)PMMA**が2：1の割合で形成する**ステレオコンプレックス**が使用される。

熊木と八島らのAFMに基づいた研究から，このステレオコンプレックスは**図4.25**に模式的に示したように，コア部が*iso*-PMMA同士で二重らせんを形成し，その周りを*syn*-PMMAがさらにらせんを巻きながら覆う三重らせん構

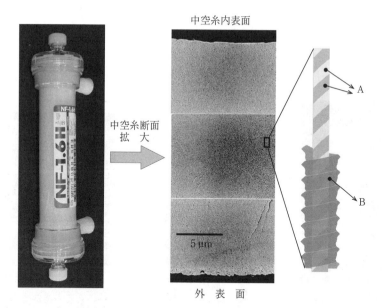

図4.25　PMMAステレオコンプレックスを用いた人工腎臓（人工腎臓およびSEM写真は東レ（株）より提供）

造をもつことが明らかになっている。

このステレオコンプレックスは血液適合性が高い上，抗血栓性も良好である。PMMA膜は，ポリスルホン膜と異なり図4.25のように断面が均質で対称的な構造を有しており，細孔のサイズを制御することでタンパク質の吸着を制御できる。

なおいずれの素材も血栓形成を完全に抑制することはできないので，透析治療の際にヘパリンの投与も同時に行われる。

章 末 問 題

1. ポリスチレンはPMMAと同様に可視域で透明で，しかも軽量である。価格的にもポリスチレンのほうが安価である。にもかかわらずなぜPMMAがレンズの素材として利用されるのか，考察せよ。
2. ソフトコンタクトレンズが使い捨てでもコスト的に見合う理由を考えよ。
3. 図4.8に挙げたモノマーがエナメル質に接着可能な理由を考えよ。
4. アルギン酸を利用した加工食品を一つ挙げよ。
5. リン酸ナトリウムやシュウ酸ナトリウムがカルシウムイオンと相互作用しやすいのはなぜか。
6. トロンビンに直接相互作用するRNAオリゴマーが，*in vitro* selection という特殊な方法で開発された。このRNAオリゴマーをトロンビンアプタマーと呼ぶが，トロンビンアプタマーを投与するとどうなると予想されるか。
7. タンパク質が表面に吸着されるとコンフォメーション変化を起こしやすいが，その理由を考えよ。
8. ワルファリンは殺鼠剤として使われることがある。ワルファリンの大量投与でなぜネズミを殺すことができるのか，考察せよ。
9. ナイフによる切り傷など外傷で出血した場合，瘡蓋ができて止血が完了する外因性経路を具体的に記せ。
10. 人工透析の技術は，医療のみならずわれわれの身の回りでも生かされている。どのようなところに人工透析の技術が生かされているか。

参 考 文 献

1) 中林宣男, 石原一彦, 岩崎泰彦:「バイオマテリアル」, 1章, 6章, 8章, コロナ社 (1999)
2) 堀内 孝, 村林 俊:「医用材料工学」, 2章, 3章, コロナ社 (2006)
3) 日本化学会 編:「化学便覧 応用化学編 第7版」, 26章, 丸善 (2014)
4) 大野典也・相澤益男 監訳代表:「再生医学」, 35章, 62章, エヌ・ティー・エス (2002)
5) 田中順三, 角田方衛, 立石哲也 共編:「バイオマテリアル—材料と生体の相互作用—」, 3章, 6章, 内田老鶴圃 (2008)
6) 長谷川二郎 監修:「明解歯科理工学」, Ⅲ-2章, 3章, 6章, 学建書院 (1989)
7) 宮島千尋:"アルギン酸類の概要と応用", 繊維と工業, **65**(12), pp.444-448 (2009)
8) 秋吉一成, 石原一彦, 山岡哲二:「先端バイオマテリアルハンドブック」, 2編2章, 5編1-3章, エヌ・ティー・エス (2012)
9) 前田瑞夫:「バイオ材料の基礎」, 4章, 岩波書店 (2005)
10) 村山 健:"人工心臓とポリウレタン材料", 日本ゴム協会誌, **62**(6), pp.386-393 (1989)
11) 廼島和彦, 緒方直哉, 由井伸彦, 片岡一則, 桜井靖久:"セグメント化ポリウレタンのミクロ相分離構造と血液適合性—ハードセグメントへのアミド基導入効果—", 人工心臓, **15**(1), pp.290-293 (1986)
12) 上野良之, 藤田雅規, 菅谷博之, 板垣一郎, 扇原俊介, 鎌田雄二朗, 仁井本泰彦, 高野快男, 山田智子, 関 伸弥:"革新的血小板付着抑制ダイアライザ (商品名:"トレライト"ＮＶ), 人工臓器, **41**(1), pp.47-48 (2012)
13) 高橋 博, 上野良之, 藤枝洋暁, 徳山美和, 金原俊英, 大美賀聡, 野崎諭司, 梅原重治, 菅谷博之:"血小板付着を抑制した新規PMMA膜人工腎臓フィルトライザー®NFの創出", ハイパフォーマスメンブレン(腎と透析 別冊), pp.22-25 (2013)
14) J. Kumaki, T. Kawauchi, K. Okoshi, H. Kusanagi and E. Yashima:*Angew. Chem. Int. Ed.*, **46**, pp.5348-5351 (2007)
15) 堀池靖浩, 片岡一則:「バイオナノテクノロジー」, 9章, オーム社 (2003)

5 高分子の医薬への応用

5.1 はじめに

アスピリンに代表されるように,これまで医薬といえば低分子が主流であった。しかし創薬ターゲットとなるタンパク質の枯渇(こかつ)で,従来の延長で新規な低分子医薬の開発が困難になりつつある。それに対し,近年まったく新たなコンセプトの医薬が勃興してきた。その一つが**バイオ医薬品**といわれる,モノクローナル抗体を用いる**抗体医薬**である。

医薬品産業では,1剤で年商10億ドルを超えるような圧倒的な売上げを誇る医薬品を**ブロックバスター**というが,抗体医薬はブロックバスターの主流になりつつある(表5.1参照)。さらに,まだ超えるべきハードルがあるものの,遺伝子やメッセンジャーRNAをターゲットにした**核酸医薬**も一部実用化しつつある。このように製薬分野は,従来の低分子医薬から,生体高分子であるタンパク質やDNA,RNAを用いる**高分子医薬**へとパラダイムシフトしつつある。

一方の低分子医薬も,それを単体で服用するのではなく,高分子の中に内包することで副作用を抑えて薬効を高めることが研究されている。つまり,薬効は低分子医薬が担い,患部までの運搬は高分子が担うといった,医薬の機能分離である。

このように高分子は創薬分野においても重要なマテリアルとして認識されている。本章では高分子医薬として,抗体医薬,核酸医薬,ドラッグデリバリーシステムの三つについて解説する。

5.2 抗体医薬

5.2.1 抗体医薬

抗体は免疫系で中枢的な役割を担う重要なタンパク質であり,「自己」と「非自己」を見分け,免疫担当細胞や他のタンパク質と協働して異物から守る役割を担っている。個々の抗体はある特定の抗原に対してだけ高い特異性を示す特徴をもつ。この性質を利用して,抗体はインフルエンザ感染などのさまざまな疾病の診断薬,疾患を治療する医薬品として実用化されている。

日本では 1991 年の承認以後,抗体医薬の改良や開発が進み,2012 年ごろには 20 種類以上の製品が承認されている。最近では世界の売上高トップ 10 の中の約半数は**抗体医薬品**となっているほどであり,分子標的薬としての地位を確立しつつある (**表 5.1**)。

表 5.1 医薬品総売上げの上位を占める抗体関連医薬品

製品名	一般名	ターゲット	対象疾患	生産細胞	型
ヒュミラ	アダリムマブ	TNFα	関節リウマチ クローン病 他	CHO	完全ヒト
レミケード	インフリキシマブ	TNFα	関節リウマチ クローン病 他	SP2/0	キメラ
リツキサン	リツキシマブ	CD20	非ホジキンリンパ腫	CHO	キメラ
エンブレル	エタネルセプト*	TNFα	関節リウマチ 他	CHO	―
アバスチン	ベバシズマブ	VFGFR	転移性結腸ガン	ハイブリドーマ	ヒト化
ハーセプチン	トラスツズマブ	HER2	転移性乳ガン	CHO	ヒト化

* ヒト IgG1 の Fc 領域とヒト腫瘍壊死因子 II 型受容体の細胞外ドメインからなる糖タンパク質。

抗体医薬品は,ガン,感染症,自己免疫疾患,炎症性疾患などの疾患や,移植時の免疫抑制が対象になると考えられており,実際に現在流通している抗体医薬の主流は,ガン細胞や炎症系に作用するものが主である。

医薬品としての抗体の改良点においては,(1) 抗体医薬の生産コストを下げるための抗体生産技術,(2) 副作用が少なく活性の高い抗体のデザイン,が重

要である.本節では抗体医薬の設計について紹介する.

5.2.2 抗体の構造

抗体は IgA, IgE, IgG, IgM といったクラス分けがなされており,さらに IgA_1, IgA_2 というようにそれぞれサブクラスに分類される.これらの抗体タンパク質のうちヒトの血液中に最も多く含まれているのが IgG であり,これが抗体医薬の開発の主流となっている.

IgG の模式図を**図5.1**に示したが,IgG は 2 本の**重鎖**(**H 鎖**)と 2 本の**軽鎖**(**L 鎖**)の 4 本のポリペプチド鎖が四次構造を形成したタンパク質であり,分子内で多数のジスルフィド結合を形成している.ヒンジ領域から N 末端側を **Fab**,C 末端側を **Fc** と呼び,Fab 領域にはアミノ酸配列が多様に変化する部位として**可変領域**(**Fv**)がある.この可変領域のアミノ酸配列の多様化によってそれぞれの抗体が特定の抗原にのみ特異的に結合できる仕組みになっている.また可変領域の中でもアミノ酸が特に変化しやすい部位があり,その領域を**超可変領域**と呼ぶ.

軽鎖における可変領域を V_L,重鎖における可変領域を V_H と呼ぶ.可変領域以外の定常領域はアミノ酸の変化が少なく,これらの領域は軽鎖で C_L,重鎖

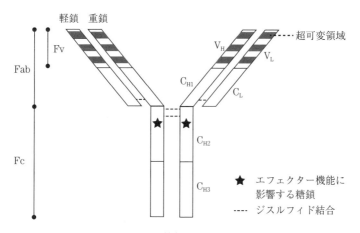

図 5.1 抗体の基本構造

で C_{H1}, C_{H2}, C_{H3} というように各ドメインに区別する。

IgG は翻訳後修飾も受けており，代表的なものは N 結合型糖鎖や O 結合型糖鎖による糖鎖修飾（1.4 節 参照）である。

抗体の主な作用は，抗原の捕捉による**中和作用**，および抗原─抗体の複合体化によって抗原を攻撃する**エフェクター機能**の誘導である（**図 5.2**）。特に抗体医薬の作用として**抗体依存性細胞傷害活性（ADCC）**や**補体依存性細胞傷害活性（CDC）のエフェクター作用**が薬効発現に重要であることがわかってきている。

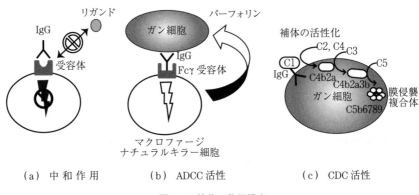

(a) 中和作用　　(b) ADCC 活性　　(c) CDC 活性

図 5.2　抗体の作用機序

ADCC では，ガン細胞に結合した IgG と **Fcγ 受容体**をもつ免疫細胞が結合することでマクロファージや NK 細胞が活性化し，これらの免疫細胞が放出する**パーフォリン**や**グランザイム**によってガン細胞を死滅に導く。

CDC では，抗原を捕捉した IgG の Fc 領域に結合した**補体**が引き金となって補体活性化のカスケード反応が進行し，形成された膜侵襲複合体によって標的細胞を殺傷する。

後述するが，次世代の抗体医薬品においては，これらのエフェクター機能を積極的に引き出すための工夫が施されている。

5.2.3 抗体の製造

抗体などのタンパク質製剤の製造には化学合成医薬品にはない難しさがある。低分子化合物は比較的安価な原料を用いて工業的なスケールで大量に製品を合成することが可能であるが，タンパク質は化学的に合成することは難しく，また合成できたとしてもタンパク質を正しくフォールディングさせる必要がある。そのため，遺伝子組換え技術を使用し，タンパク質をコードする遺伝子を導入した大腸菌，酵母，各種哺乳類由来の培養細胞が生産基盤となっている。

抗体産生細胞としてよく用いられているのが**ハイブリドーマ**，**CHO**（chinese hamster ovary）**細胞**，**マウスミエローマ細胞 SP2/0 や NS0** の細胞株であり，これらの細胞を何万リットルのスケールで培養し抗体の生産が行われる。安定供給のため，培地組成や温度，pH などの培養条件の最適化や，抗体産生量の維持，培養細胞の死滅阻止など，タンパク質製剤を大量かつ迅速に生産させるための技術開発が行われている。

低分子化合物の創薬では膨大な数の化合物が登録されているライブラリーから候補物質の特定を行うが，抗体医薬品の場合，標的抗原に対する抗体を一から取得する必要がある。一般的な抗体取得の手順は，まず抗原をマウスなどの動物に免疫することから始まる（**図5.3**）。その後，目的の抗原に対して結合性を示すモノクローナル抗体を生産する **B細胞**を選別する。このB細胞と**ミエローマ細胞**を融合することで増殖性の高い抗体産生細胞であるハイブリドーマがつくられる。

抗体をコードする遺伝子がわかれば，その遺伝子を他の増殖性の高い細胞株に導入して発現させることができる。さらに，抗原に対して高い親和性をもつ抗体を得るために，ファージディスプレイ法などを用いてよりよい抗体分子へ最適化がなされている。

抗体はさまざまな翻訳後修飾を受けるタンパク質であるが，糖鎖などの翻訳後修飾は性能を発揮する上で無視することができない。真核生物で発現させれば糖鎖修飾が起こるが，非ヒト型細胞で発現させた場合，抗体の糖鎖構造はヒト由来のものとは異なってしまう。これは糖鎖の生合成に関わる糖転移酵素の

140   5. 高分子の医薬への応用

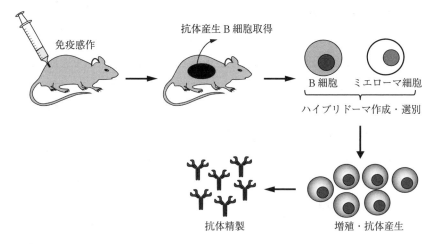

図 5.3 抗原によって免疫感作したマウスを用いた抗体産生細胞の作製

基質特異性や反応性が種間で異なっているためである。マウス由来の N-グリコリルノイラミン酸残基やガラクトース α1-3 ガラクトース残基など，本来ヒトがもっていない糖残基に関しては，抗原性を誘発する可能性があるため除去されなければならない。

そもそもタンパク質上に発現する糖鎖の構造はつねに同じとはかぎらないため，アミノ酸配列が同一の抗体でヒト型の糖鎖をもっていたとしても，化学的には少しずつ異なった分子群となっている。糖鎖構造の違いは抗体の性能に影響が及ぶことが知られているため，抗体医薬では分子の同一性ではなく同質性を評価することが製品の品質保証の対象となっている。

5.2.4 エフェクター機能の向上を狙った次世代型抗体の設計

抗体にはさまざまな部位に糖鎖修飾を受けていることが知られているが，中でも Fc 領域の C_{H2} の Asn297 に結合する糖鎖は抗体のエフェクター活性に必須である。この糖鎖は**図 5.4** に示した N 結合型糖鎖の複合型糖鎖であり，非還元末端へのシアル酸，ガラクトースの付加，および還元末端の N-アセチルグルコサミンのフコースの付加に関して多様性が存在する。この部位に糖鎖が

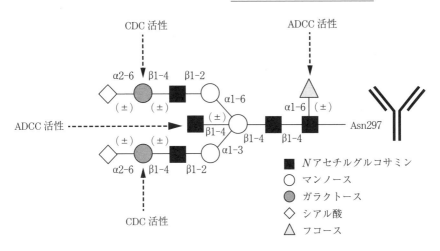

図 5.4 IgG 抗体の Fc 領域の Asn297 に結合する糖鎖

存在しないと，抗体と **Fcγ 受容体Ⅲ**は結合できず，ADCC 活性が誘導されなくなる。糖鎖が結合していたとしても，フコース残基をもたない糖鎖は，フコース残基をもつ糖鎖と比較してFcγ 受容体Ⅲに対する親和性が劇的に向上し，それによってADCC 活性が100 倍以上高まる。一方で，このFc 領域のC_{H2}に結合する糖鎖の構造の違いは，抗原結合活性や血中半減期には影響しない。このことから，抗体に結合する糖鎖の構造を制御することで，低用量で高活性な抗体医薬品の開発が実施された。

高い ADCC 活性をもつ抗体として，フコース修飾のない抗体を調製する技術の開発が行われた。抗体産生細胞として用いられているハイブリドーマやCHO 細胞で発現させた抗体では，C_{H2}ドメインに結合する糖鎖の還元末端のN-アセチルグルコサミンにα1-6 フコースが結合した構造が形成されやすい。このフコース残基の付加を担うフコース転移酵素（**FUT8**）を欠損させた CHO 細胞が作製され，抗体産生過程においてFc のC_{H2}に結合する糖鎖にフコース残基修飾が起こらない **POTELLIGENT®** 技術が確立した。これは日本発の技術であり，本技術を開発した協和発酵グループにおいて ADCC 活性の高い抗体**モガムリズマブ**が開発され，承認されている。

もともとフコース転移酵素をもたない種である酵母や鳥類，植物細胞による抗体の発現も試みられているが，鳥類には N-グリコリルノイラミン酸，植物にはキシロースといったヒトがもたない糖残基が糖鎖に付加される可能性があり，これらの糖鎖が抗原性をもたらす場合がある．そのため，抗原性をもつ特徴的な糖鎖が合成されないように，該当する糖転移酵素の発現を抑える工夫が必要となってくる．抗体の生産コストを下げる目的も合わせて，トランスジェニック動物や植物の生産系が次世代の抗体産生基盤の選択肢として考えられている．

CDC活性の上昇を狙った設計では，補体と抗体の結合を高めるための設計の工夫がなされている．IgGのアイソタイプによって補体に対する結合能が異なることが知られており，特にIgG$_3$と補体が強く結合することが知られている．この知見に基づき，IgG$_1$の補体に対する結合能を上昇させるため，IgG$_1$のFc領域をIgG$_3$の配列に置き換えるキメラ型の抗体が作製されている．

5.2.5 抗体のアミノ酸配列の改変

マウスハイブリドーマやCHO細胞などの非ヒト細胞由来の抗体がヒトに投与されると，投与した抗体に対する抗体が体内でつくられ，免疫反応が引き起こされてしまう．免疫反応は，血中に投入した抗体の濃度を低下させる原因となるため，半減期を長くするためには免疫原性を低下させる設計が必要である．

キメラ抗体は定常領域をヒトのものに置き換えた抗体であり，ヒト化抗体は超可変領域以外をヒト型のアミノ酸配列に変えたものである．また完全ヒト化抗体も開発されており，これは完全にヒト型のアミノ酸配列を有している（表5.1，図5.5）．

これらの抗体の作成のために，免疫するマウスにも工夫がなされ，ヒト抗体遺伝子があらかじめ導入されているマウスが作製されている．また，ファージディスプレイ法によって標的抗原に対する抗体の獲得も行われている．

抗体のアミノ酸配列を改変した例として，TNFαに対する抗体医薬品の開発が挙げられる．関節リウマチやクローン病などの自己免疫疾患においては，異

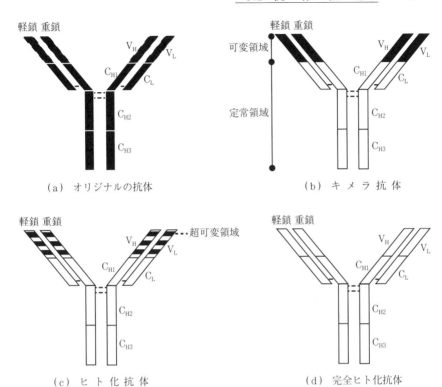

図5.5 組換え技術により調製されたヒト化抗体

常に亢進してしまっている炎症反応を抑制するために,サイトカインであるTNFαに対する阻害抗体が作製され,認可されている。**インフリキシマブ**(商品名:**レミケード**)は最初に開発された抗体医薬品であるが,これはキメラ型のIgGであり中和抗体の出現確率が高く,それによって効果が減弱する傾向が観測された。これに対して,ファージディスプレイ法で完全ヒト型の抗体**アダリムマブ**(商品名:**ヒュミラ**)が開発された。また阻害抗体の場合,抗原認識さえできれば性能としては十分であることから,Fab領域のみを製品化したものがある。その例として**セルトリズマブ ペゴル**(商品名:**シムジア**)が挙げられる。これは全長の抗体と比べて分子量が1/3程度となり,さらに,エフェクター機能が必須な抗体と違い,糖鎖修飾は不要であることから大腸菌によっ

て製造されている。このFabからなる抗体医薬は，血中半減期が短いが，ポリエチレングリコール修飾により血中半減期を向上させるための工夫が施されている。

5.2.6 薬物をコンジュゲートした抗体

抗原に特異的に結合する抗体の性質を利用して，抗体によるデリバリーシステムを併せもつ抗体医薬が開発されている。先に例を示したシムジアは，抗体の性能向上のためにポリエチレングリコールを化学的に付加した抗体であるが，**イブリツモマブ**（商品名：**ゼヴァリン**）は，放射性同位体である^{90}Yがキレート剤を介して結合しており，標的細胞へ放射性物質が集積することを狙って設計されている。

また，抗体のもつ生物学的作用に加えて，化合物による作用も同時に発揮されることを狙った抗体薬物複合体が開発されている。抗HER2抗体の**トラスツズマブ**（商品名：**ハーセプチン**）にチューブリン重合阻害剤であるDM1を結合させた**トラスツズマブ エムタンシン**（商品名：**カドサイラ**）が認可されている。**図5.6**に示したが，この抗体では，DM1がMCCリンカーを介して抗体のリシン残基のεアミノ基にアミド結合で導入されており，抗体が細胞に取り込まれるとDM1が遊離し，細胞周期停止およびアポトーシスを誘導する仕組

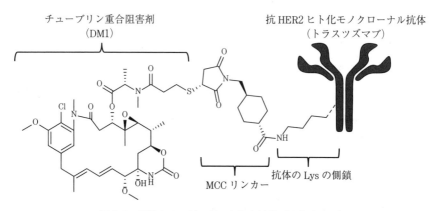

図5.6 薬物をコンジュゲートした抗体（カドサイラ）

みとなっている。

5.2.7 抗体医薬の新たな創薬ターゲットの探索

　抗体医薬品は年に数製品が認可されるほどつぎつぎと上市されており，現在では30種以上の製品が世に出回っている。しかし標的抗原の種類がその数に対応するわけではなく，実は同じ抗原に対して異なる設計の抗体が製品化されている場合が多い。これは，新たな抗原に対して抗体を作成し製品を開発すると莫大な研究開発費が必要になってしまうためであり，また同じ抗原をターゲットとすれば製品の開発において承認が得やすいためである。そのため，前述したように，アミノ酸配列の改変や，設計の工夫，化学修飾により薬効を強化したバイオベターの抗体が多く開発されている。

　今後期待される新たな抗体医薬として，HIV，インフルエンザ，デングウイルスなど，ウイルスの感染阻害を目指した抗体医薬の開発が挙げられる。これらウイルスの感染様式の解明が行われるとともに，ウイルス側あるいは宿主細胞側のタンパク質に対する抗体が作製され，感染阻害の効果の有無が試されている。抗ウィルス抗体の探索として，感染者から中和抗体を抽出する手法も有効な手法である。

　また，これまで抗体医薬品のターゲットである標的分子の多くは，可溶型のタンパク質あるいは膜タンパク質の中でも膜貫通領域が少なく，内腔領域に安定した構造をもつものである。これはマウスなどに免疫して抗体を作成する際には，精製した抗原が必要となるからである。膜領域にタンパク質が埋め込まれたようなイオンチャンネルやGPCRなどの膜タンパク質の精製は一般的には難しく，これを標的とした抗体の作成は困難とされてきた。これらに対する工夫として，マウスによる免疫法を使わずに親和性の高い抗体を作成する手法が考案されてきている。今後はこういった膜タンパク質を創薬ターゲットした新規抗体医薬の開発も期待されている。

5.3 核酸医薬

核酸医薬は，DNA，RNA，あるいはこれらの誘導体である**人工核酸**からなる医薬品であり，近年活発に開発が進められている。核酸医薬は作用機序によって分類することができ，分子認識タイプと遺伝子発現系に作用するタイプに大別される。前者は**アプタマー**と呼ばれるオリゴヌクレオチドであり，抗体のように特定の物質を特異的に結合するように開発されたものである。後者として代表的なものに**アンチジーン，デコイ核酸，アンチセンス核酸，siRNA**が挙げられ，これらがターゲットとするのはセントラルドグマに関わるDNAやメッセンジャーRNA，あるいはノンコーディングRNAである（**図5.7**）。

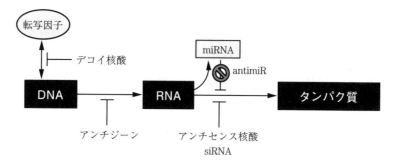

図5.7 遺伝子発現を制御する機能性核酸

特に遺伝子発現系に作用するオリゴヌクレオチドは，低分子化合物や抗体医薬品とはターゲットが異なり，作用機序もまったく異なっている。そのため，これまでにない新たな医薬品となる可能性がある。

また，核酸は化学合成が可能であるので，抗体医薬品のような分子に不均一性が生じるものと比べて，製品としての規格化が容易であることが利点である。現在核酸医薬品として実用化されているのはアンチセンス核酸のホミビルセンとミポメルセン，アプタマーのペガプタニブの数点にとどまっており，今後の発展が期待される創薬研究分野である。

核酸医薬が解決しなければならない課題として，酵素耐性能の向上，オフターゲット効果の抑制，毒性発現の抑制，作用点へのデリバリーの効率化などが挙げられる．現在，創薬に向けた多数の基盤要素技術の開発が行われているところであり，臨床試験段階にある核酸医薬品の候補は多数存在している．今後，次世代バイオロジクスとして多くの製品が上市することが期待される．

5.3.1 遺伝子発現を抑制する機能性核酸

〔1〕 **転写反応を制御するアンチジーン，デコイ核酸**　アンチジーンとデコイ核酸は転写を抑制させるために開発された機能性核酸である．アンチジーンは，人工核酸を使って核内の二重鎖DNAに結合して三重鎖を形成させることで転写反応を阻害する．一方，デコイ核酸は二重鎖DNAであり，遺伝子発現に関わる核酸結合タンパク質を標的にする．デコイ核酸が'おとり'として転写因子に結合することで，転写因子が本来作用すべきDNAとの結合が阻害され，転写反応が抑制される．

〔2〕 **翻訳を抑制するアンチセンス核酸**　アンチセンス核酸は20残基前後の一本鎖の**オリゴヌクレオチド**（あるいはオリゴ核酸，DNAあるいはRNAを区別せずに指す）であり，ターゲットとなるRNAに配列依存的に結合することで，タンパク質への翻訳を阻害することを狙った分子である．翻訳抑制は，アンチセンス核酸がRNAと二重鎖形成することにより，本来RNAに結合するリボソームやスプライソソームなどの分子群と競合し，タンパク質への翻訳抑制やフレームシフトが誘導する機構（**接近阻害法**）（**図5.8**(a)），あるいはアンチセンス核酸/RNA二重鎖が結合することでDNA/RNA二重鎖を認識する細胞内酵素**RNaseH**を呼び寄せ，標的RNAを切断する機構（**RNaseH法**）により発揮される（図(b)）．

アンチセンス様の機能性核酸として，触媒活性をもつ**リボザイム**も核酸医薬の候補である．これは配列特異的に結合したRNAを切断することができるため，ターンオーバーにより，少ない濃度で効果が得られると期待できる．

〔3〕 **siRNA**　siRNAも，アンチセンス核酸と同様，RNAに作用し遺伝

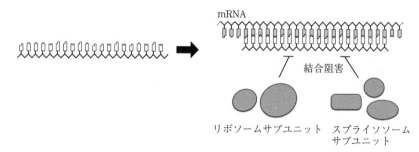

(a) 接近阻害法

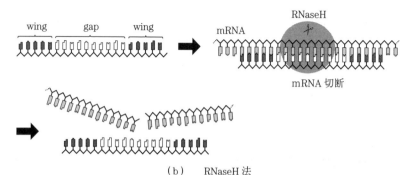

(b) RNaseH 法

図 5.8　アンチセンス核酸の作用機序

子翻訳を抑制する活性をもっている。しかし，作用機序はアンチセンス核酸とは異なっている。

　siRNA は**パッセンジャー鎖**（センス鎖）と**ガイド鎖**（アンチセンス鎖）からなる二重鎖 RNA であり，**RNA 干渉**を引き起こすことで遺伝子発現を抑制する。RNA 干渉の機構を**図 5.9**に示したが，本機構では siRNA は多段階のプロセシング過程を受けることで活性化することがわかっている。まず，長鎖の dsRNA はエンドヌクレアーゼである **Dicer** によって切断され，21〜23 塩基で 3′ 末端に 2 塩基の突出部位をもつ短い dsRNA に調製される。この dsRNA は RNA 結合タンパク質である **Ago2**（Argonaute2）と結合し **RISC**（RNA-induced silencing complex）と呼ばれる RNA-タンパク質複合体を形成する。その後，Ago2 が二重鎖 RNA のうちのパッセンジャー鎖を解離することによって RISC

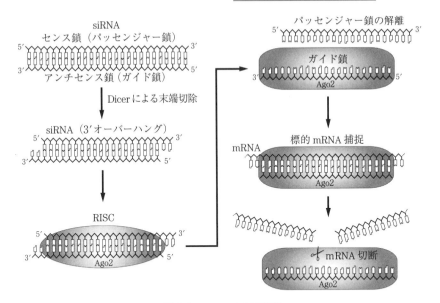

図 5.9 siRNA の作用機序

にガイド鎖が残り，これが基質である mRNA に対する特異性の決定基になる。

このように siRNA は，細胞内タンパク質と協働する複雑な機構で働くが，高い遺伝子発現抑制能が得られることから核酸医薬への応用が期待されている。現在，20 種類以上の siRNA が臨床試験を進めているところである。

〔4〕 **anti-miRNA 核酸（antimiR）** タンパク質をコードしない領域のRNA が，生体機能を調整する因子として働いていることがわかってきた。これをノンコーディング RNA という。そもそも siRNA による遺伝子発現抑制は，ノンコーディング RNA である **miRNA** の生体反応機序を利用したものである。

miRNA は，RNAi の機構を通じて配列特異的に遺伝子の発現制御を行っている内在性の小分子 RNA であり，2 500 種以上見つかっている。miRNA の中には，ガン細胞において特異的に発現が亢進しているものや低下しているものがある。また，ある種のウイルスは miRNA 様の遺伝子をもっており，宿主の遺伝子発現の制御やウイルスの複製を促進させていることがわかっている。これ

らのことから，miRNAはバイオマーカーや創薬のターゲットとして注目されている。

miRNAを標的とする創薬は，miRNAの機能を抑制する方法と，発現が低下したmiRNAを補充する方法の二つである。前者については，miRNAが本来のターゲットと相互作用させないように，miRNAと相補的な配列をもつオリゴヌクレオチドantimiRを用いる。このantimiRは，図5.10に示したように，miRNAを取り込んだRISC内でmiRNAと配列依存的に複合体化し，本来のターゲットとの結合を阻害する。また，miRNAの前駆体のpri-miRNAやpre-miRNAに結合してmiRNAの生成を阻害する作用によって，抗miRNA活性を発揮することも可能である。

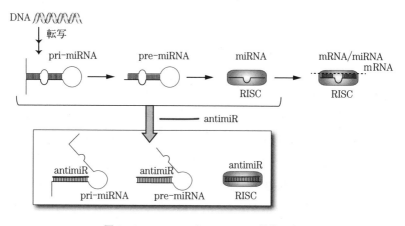

図5.10 antimiRによるmiRNAの機能阻害

現在臨床試験の段階にあるミラビルセンは肝臓特異的に発現するmiR-122に対するantimiRであり，HCVに対する抗ウイルス薬として期待されている。

5.3.2 核酸創薬に向けた人工核酸の開発

前述したが，オリゴヌクレオチドの実用化に際して解決しなければならない問題は，酵素耐性能の向上，ターゲット認識能の向上，それから細胞内移行性や標的組織へのデリバリーの効率化などである。これらの課題の克服や性能の

向上に向け，さまざまな化学修飾技術が開発されている．

　オリゴヌクレオチドは，タンパク質とは異なり熱に対して安定であるという特長をもつ．熱をかけた場合，ほとんどのタンパク質はゆで卵のように不可逆的に変性してしまうが，核酸は90℃に熱したとしても再び室温に戻せば塩基対や二次構造は元に戻り，機能を発揮する．これはタンパク質と比べて有利な点といえる．しかし，一方で，DNA，RNAは生体内では核酸分解酵素によって容易に分解されてしまうので，分子を生体内で安定に存在させることが難しい．これはいずれの機能性核酸においても生じる問題である．

　この問題を解決するために，これまでにさまざまな人工核酸が開発されてきた．第一世代は，**ホスホロチオエート**化されたオリゴヌクレオチドなどのリン酸ジエステル結合部位の改変が展開された．リボース骨格の2′-OH基へのメチル基やメトキシエチル基を修飾した核酸が第二世代と考えられており，第三世代はリボース骨格を大胆に改変した**ペプチド核酸**，**LNA**（**2′,4′-BNA**）や**UNA**などである（図5.11）．

　これらの人工核酸の多くはアンチセンス核酸の発展とともに開発されてきたものであり，現在ではアンチセンス核酸のみならず，これらの人工核酸を導入したsiRNA，antimiRの設計が展開されている．

　実際，現在実用化されている核酸医薬はいずれも化学修飾されたものである．第一世代のアンチセンス核酸として認可されたサイトメガロウイルス網膜炎の治療薬**ホミビルセン**（商品名：ビトラベン）は，ホスホロチオエート骨格をもつDNAからなるアンチセンス核酸であった．第二世代のアンチセンス核酸である**ミポメルセン**（商品名：**キナムロ**）は，各末端の5塩基の2′のヒドロキシ基はメトキシメチル基が導入されている．その他，後述するアプタマーの上市品でも，2′のヒドロキシ基がフッ素あるいはメトキシ基に置換されており，酵素耐性能が向上している．

5.3.3　核酸医薬の設計と工夫

　アンチセンス核酸のように，ターゲット認識能が機能に直結する機能性核酸

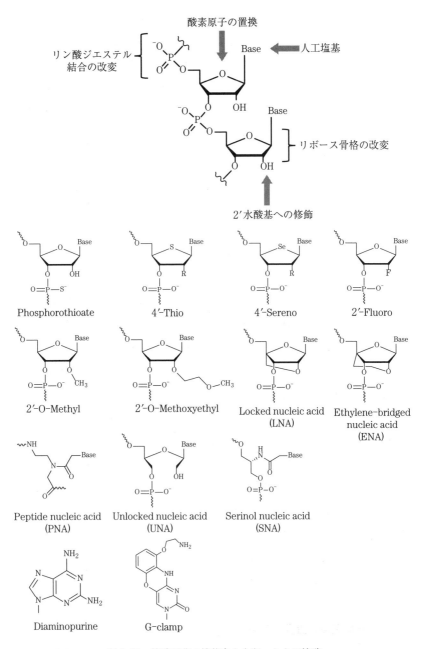

図 5.11 核酸医薬の機能向上を狙った人工核酸

5.3 核酸医薬

に対しては，ハイブリダイゼーション能を向上させる設計が重要となる。その
ため，二重鎖形成能の向上を狙った人工核酸が開発されている。LNA はリボー
ス骨格の配座が N 型に固定された設計であるため，ターゲット RNA に対する
二重鎖形成能が向上することがわかっている（**図 5.12**）。また，人工塩基であ
る G-clamp およびジアミノプリンは，それぞれシトシンとアデニンのアナログ
であり，グアニン，ウラシル（チミン）に対して水素結合を余分に形成できる
ため，認識能の向上が期待できる（図 5.12）。これらの人工塩基は，antimiR
による miRNA との結合能を向上させるための設計においても有効である可能

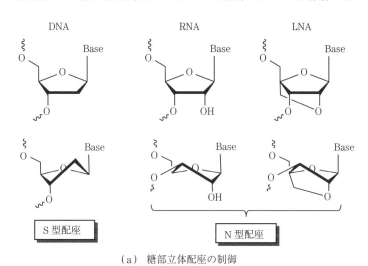

（a）糖部立体配座の制御

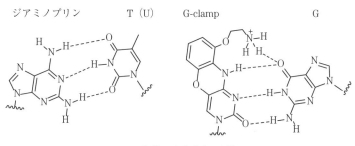

（b）塩基間水素結合の増加

図 5.12 二重鎖形成能を向上させる人工核酸

性が高い。

　また，アンチセンス核酸の作用機序の一つである RNaseH によるターゲット切断を積極的に誘導する設計も，アンチセンス核酸の設計戦略といえる。**Gapmer** 構造は，DNA の両末端に人工核酸を数残基導入したキメラ構造のアンチセンス核酸で，RNaseH による切断活性を上昇させることができる設計である（図 5.8(b)）。RNaseH が Gapmer 構造を好む理由はよくわかっていないが，2′-OMe や LNA らの人工核酸をアンチセンス核酸に導入すると効果が観測されることがわかっている。ミポメルセンは，各末端 5 残基が修飾核酸となっており，RNaseH が作用しやすい Gapmer 構造となっている。

　オリゴヌクレオチドへの化学修飾は，酵素耐性能の向上，相補鎖との二重鎖形成能の向上に有効であるが，一方で求める活性を低下させてしまう場合がある。例えば，siRNA に酵素耐性能を付与するために導入した非天然部位が Dicer や Ago2 との結合の妨げになってしまうと，RISC が形成されなくなってしまい，siRNA の本来の RNAi 活性を発揮できなくなってしまう。特に，siRNA がターゲット RNA を認識する際に重要となるシード領域と呼ばれる部位へ人工核酸を導入すると，ターゲット認識能の低下や RISC タンパク質との相互作用に影響が及ぶことがわかっている。このことから，導入分子や分子の設計には機能性核酸の作用機序を考慮することも重要なポイントである。

　同様に，RISC を形成している miRNA を標的とした antimiR の設計においても，RNAi 関連タンパク質との結合性を考慮した設計が重要となる。

5.3.4　核酸医薬品の副作用

　いずれの医薬品においても，副作用をなるべく抑えることは医薬品の設計において重要な点である。遺伝子発現機能の抑制を狙ったアンチセンス鎖や siRNA の副作用の一つとして，標的遺伝子以外の他の遺伝子の発現を抑制してしまう**オフターゲット効果**が挙げられる。

　これらの機能性核酸は配列依存的に標的を認識するのだが，似た配列の遺伝子にも作用してしまうため，ターゲットの塩基配列部位の設定が重要となって

くる。また，siRNAの場合RNAi機構において本来アンチセンス鎖がRISCを形成するのだが，間違ってセンス鎖がRISCを形成してしまうことによるオフターゲット効果が指摘されている（**図5.13(a)**）。

後者に関しては，siRNAの特定の位置を化学修飾によって改変することで，センス鎖によるRISC形成を抑制することが可能であると示されつつある。また，近年，RISCの中核分子であるAgo2とRNAの複合体の結晶構造が明らかになったことから，原子レベルでの相互作用情報に基づいて合理的に設計したsiRNAによって，RISC形成のアンチセンス鎖選択性を向上させることができるようになると期待される。

特に，RISC上でガイド鎖の5′末端に位置する残基は，パッセンジャー鎖と水素結合対をつくらずにAgo2の結合ポケットに配置されることから，この結合ポケットに適合する新規化合物を導入することでガイド鎖の選択性を向上することが可能である（図5.13(b)）。また，パッセンジャー鎖のRISC形成を抑制するために，パッセンジャー鎖の5′末端に立体障害となる化合物を導入することも有効である。

機能性核酸による**インターフェロン誘導**も主薬効には起因しない副作用である。本来生体には，ウイルスなどの外来性オリゴヌクレオチドから細胞を守る機構を有している。そのため，機能性核酸も生体の防御機構を誘導してしまう可能性がある。特にsiRNAは，外来性のdsRNAを識別し細胞内反応を誘導するPKRやRIG-I，TLRなどのタンパク質群に認識されてしまい，不要なインターフェロン応答による細胞死を誘導してしまうことがわかっている。

RNAi機構の詳細が解明されるとともに，Dicerによる切断産物と同様の構造をもつオーバーハング部位をもつ19塩基対程度のdsRNAであれば，インターフェロン誘導は起こりにくいことがわかってきた。また，GU配列が豊富なRNAがTLR7およびTLR8に認識されやすいことも明らかとなっており，2′-OMeやLNAなどの人工核酸やウラシルの誘導体の導入は，TLRによる免疫賦活化の抑制に有効である可能性が示唆されている。

siRNAの投与量をできるだけ減らすこともインターフェロン誘導の抑制につ

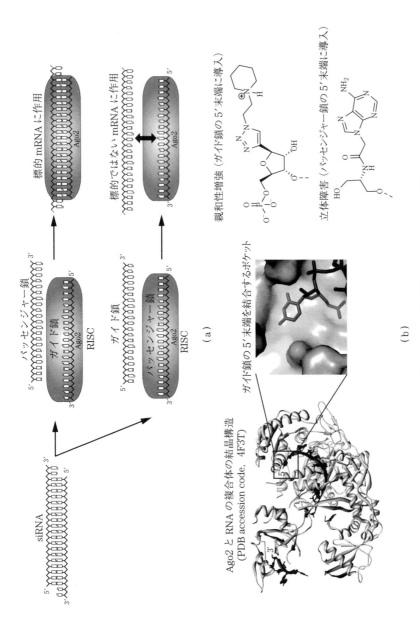

図 5.13 RISC 形成における鎖選択性と化学修飾による制御

ながるため，少量で高い活性を示す siRNA が理想的な設計である．

5.3.5 デリバリーシステムの開発

核酸医薬そのものの設計も重要だが，これらの機能性核酸を作用する場所へと導くシステムが必要である．siRNA やアンチセンス鎖は細胞の内部の遺伝子系に作用するのだが，核酸が自然に細胞内に取り込まれることはない．また投与部位から標的とする組織へ効率的に輸送されることができれば，副作用の抑制や投与量の軽減が期待できる．

生体内部の組織に核酸医薬を到達させるためのシステムとして，後の節でも詳しく述べるが，目的の場所へと輸送するドラッグデリバリーの開発が進められている．ガン細胞にターゲティングするためのガン細胞選択的リガンドとして，葉酸，トランスフェリン，インテグリンに対する RGD 配列をもつペプチドが，しばしば用いられる．また，siRNA と担体によって形成したナノ粒子による EPR 効果を利用してガン組織に集積させる方法も提案されている．デリバリーの担体としては，カチオン性のリポソームやアテロコラーゲン，ポリエチレングリコール/ポリリジンブロック共重合体などが開発されている．

5.3.6 アプタマーの設計

アプタマーは，特定のタンパク質や化学物質を特異的に認識できるように設計された核酸であり，分子標的医薬としてアンタゴニスト（阻害薬）やアゴニスト（作動薬）として機能することが期待されている．標的となるものは低分子化合物からタンパク質，細胞，細菌と幅広いため，汎用性が高いことも開発が進められている要因である．また，主に細胞外に存在する受容体や膜タンパク質などがアプタマーの標的とされており，細胞内への移行の問題を考慮しなくてもよい点が，他の核酸医薬と比べて開発の際に優位である．

アプタマーは，遺伝子発現抑制の機能が期待されるアンチセンスや siRNA とは異なり，配列相補性に依存しない分子認識で相手を識別するため，これらと基本設計は異なっている．アプタマーの分子認識には，**図 5.14** に示したバ

158   5. 高分子の医薬への応用

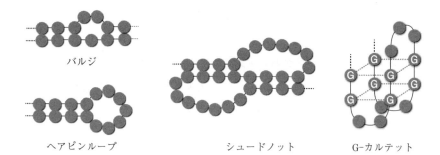

図 5.14 多様な分子認識能をもたらす構造モチーフ

ルジ，ヘアピンループ，シュードノット，G-カルテットなどの多様なモチーフからなる高次構造形成が重要である。

標的分子に対して高い親和性と特異性をもつアプタマーを選抜するために，

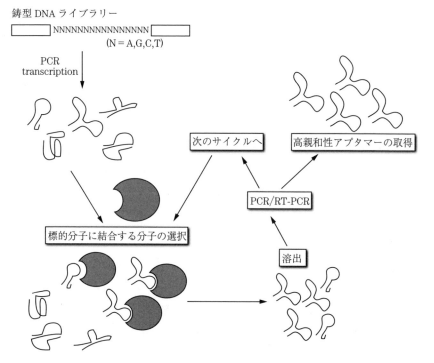

図 5.15 SELEX 法

一般的に**SELEX法**と呼ぶスクリーニングが行われる（**図5.15**）。SELEX法では，DNAポリメラーゼやRNAポリメラーゼの反応を利用してアプタマーのライブラリーを作製するため，PCR反応に対応できる核酸のみが対象となる。ポリメラーゼに認識されるよう開発された人工塩基と4種類の天然塩基を組み合わせれば，多様な構造や機能をもつアプタマーの創出も可能である。

アプタマーで現在唯一上市されているVEGF阻害剤の**ペガプタニブ**（商品名：**マクジェン**）は，リボース骨格の2′のヒドロキシ基がFあるいはメトキシ基に置換された28塩基のRNAにポリエチレングリコールを結合させた核酸であり，硝子体内注射による局所使用によって加齢黄斑変性症治療薬として用いられている。

5.3.7 ゲノム編集

機能性核酸による遺伝子発現の制御を狙う一方で，ゲノムを直接編集しようという研究が進められている。近年の活発な研究によりゲノム編集技術は飛躍的に進展しており，標的遺伝子のノックアウトやノックインを可能にすることから，生命科学研究への応用が実現しているばかりでなく創薬基盤としての期待も高まっている。

簡便で高効率な**ゲノム編集**の技術として**TALEN**（transcription activator-like effectors nuclease），**CRISPR/Cas9**システムが開発されている（**図5.16**）。TALENは，DNA結合モジュールとDNA切断部位をつなぎ合わせた人工ヌクレアーゼである。各種塩基に対し特異的に結合するタンパク質ユニットが開発されているので，標的とするDNA配列に従ってユニットを組み合わせることで，染色体上の特定のDNA配列に結合する仕組みとなっている。DNA二本鎖が切断された後に起こる修復過程を利用して，ノックアウト，改変などの遺伝子編集が実現する。

CRISPR/Cas9は，RNA依存性のDNA切断酵素であるCas9を利用してゲノム上の任意の配列を切断するシステムであり，切断したい標的塩基配列を含むガイドRNAとDNAの二重鎖形成が，切断部位を決定する。両システム共に，

160　5. 高分子の医薬への応用

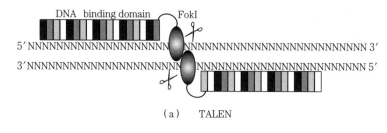

（a）TALEN

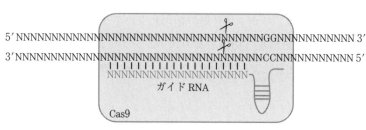

（b）CRISPR/Cas9

図 5.16　TALEN および CRISPR/Cas9 によるゲノム編集システム

ターゲットの配列認識が甘いと目的としない部位に作用してしまう恐れがあるため，配列特異性の向上が図られている。

これらの手法は研究室内で気軽に使用でき，完全ノックアウト細胞の作成が簡便であるため，生命科学研究のツールとして応用が進んでおり，siRNA に取って代わりつつある。医療への応用に向けた研究も活発であり，細胞に感染したウイルスゲノムの不活性化や疾患遺伝子を編集し，正常に戻すといった実用化が期待されている。

5.4　ドラッグデリバリーシステム（DDS）

ドラッグデリバリーシステム（drug delivery system，**DDS**，**薬剤送達システム**）とは，体内の特定の患部に，特定のタイミングあるいは期間，特定の量の薬剤を届ける仕組みのことである。3.3.2 項で扱った可溶化剤としての CD と同様に，薬剤そのものではなく，いわば薬剤の"容れ物"であり，助剤とし

て位置づけられる。理想的な医薬とは以下の二つのスペックを満たしている薬剤であろう。

① 適量の薬剤が常時放出されている（controlled release）。
② 患部だけに薬剤を集中させることで正常細胞への集積を防ぎ（**ターゲティング**），副作用を回避する。

しかし医薬自体に通常このような機能はなく，現実には私たちは決まった量の医薬を定期的に服用することで対応している。**図 5.17** は薬剤投与した後の，その血中濃度の時間変化である。

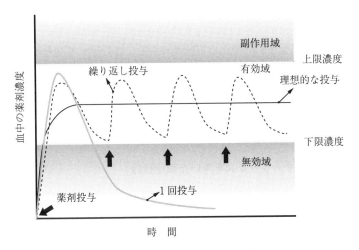

図 5.17 薬剤投与後の血中濃度の変化

血中の薬剤濃度がある上限を超えると副作用が問題となる。一方，下限以下では薬効が期待できない。したがって，効果的な治療のためには，図 5.17 の実線のように薬剤濃度をつねに一定の濃度範囲に維持するのが望ましい。

しかし実際には，投与直後に薬剤濃度が急激に増加し，その後の代謝により図の灰色線のように徐々に低下する。そこで，薬剤濃度が下限に近づいたころに投与することで薬剤濃度を上げる方法がとられる。疾病が治癒されるまでこれを繰り返すわけだが（図の点線），薬を服用するタイミングが大きくずれると有効域外の期間が出てくるため，効果的な治療が困難になる。したがって，

理想的な薬剤のスペック①を満たすようなDDS，すなわちつねに一定の濃度の薬剤を放出する助剤＝"薬物徐放システム"は，薬剤単体で服用するよりも高い治療効果が期待できる。

一方薬剤の副作用は，患部以外の臓器にも薬剤が送達されることが主な原因で引き起こされる。したがってスペック②を満たすような，患部のみへの選択的な集中を可能にするDDSは，副作用の低減が期待できる。特に抗ガン剤は重篤な副作用を引き起こしやすいので，ガン細胞選択的にターゲッティング可能なDDSが開発されれば，ガン治療に大きな進歩をもたらすであろう。

このような薬剤を運ぶ"容れ物"（**キャリア**）を用いることで，薬効を飛躍的に向上させることが可能となる。さらに副作用の問題でこれまで使用できなかった薬剤も，医薬として使える可能性もある。またキャリアそのものに機能を付与すれば，熱や光，あるいは体内環境に応答して薬剤を放出するようなインテリジェントDDSも設計可能となる。ここでは，キャリアとしてのDDSに焦点を当てて解説する。

5.4.1 高分子マトリックスを用いた薬物徐放

DDSの概念は，Alza社のAlejandro ZaffaroniとFarther of Physical Pharmacyと呼ばれるProf. Takeru Higuchiらによって確立された。Alza社は緑内障の治療薬（Pilocarpine）を**図5.18**のように透明な高分子膜中に保持したリザー

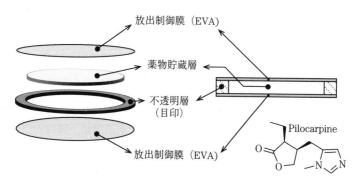

図5.18 緑内障治療用DDS（Ocusert）

バー型のデバイス（商品名：Ocusert）の開発に成功した。

この製剤はコンタクトレンズのように目に接触させて上下の放出制御膜で薬物徐放（controlled release）させる。したがって放出制御に用いる高分子膜は，薬剤の徐放能に加えて透明である必要がある。具体的にはポリエチレン-酢酸ビニルの共重合体（EVA）が使用されている。EVAは疎水性なのでイオン化していないPilocarpineを通すが，プロトン化したPilocarpineや水分は通さない。周囲にある不透明層は，目の中での位置を定めるための目印として導入されている。

同様の原理で狭心症の治療薬である**ニトログリセリン**の徐放システム（商品名：Transderm-Nitro）も開発された。これは皮膚に貼って皮膚からの吸収を制御するデバイスで，**図5.19**のように皮膚と直接接触する側には接着面を介して放出制御膜（EVA膜）が存在し，その上にニトログリセリンのリザーバーが設置されている。さらにその外側は薬剤が漏れ出さないようラミネートフィルムでカバーされている。EVA膜には細孔を有している膜あるいは物理的な細孔のない膜のいずれかが用いられるが，仮に細孔がなくても疎水性のニトログリセリンはEVA膜を透過することが可能である。

図5.19 狭心症治療用DDS（Transderm-Nitro）

他にも，半透膜を介して浸透圧で水が内部に取り込まれることで薬物が押し出される経口型薬物放出ミニポンプなど，さまざまなDDSが実用化されている。これら初期のDDSの実用化例は従来の製剤の常識を超えたものとして注目を集め，DDSの本格的な研究の発端となった。

5.4.2　ガン組織特異的DDS開発のコンセプト

上述の薬物徐放に対し，薬物に患部への指向性を付与するのがターゲティング型のDDSである。ターゲティング型のDDSで開発が期待されているのが，

ガン組織を標的とした DDS である。固形腫瘍治療におけるターゲティング型 DDS は，**能動的ターゲティング**（active targeting）と**受動的ターゲティング**（passive targeting）の二つに大きく分類できる。

能動的ターゲティングはガン細胞に発現している受容体に対するリガンドやモノクロナール抗体を利用した方法で，例えば DDS に使用する材料にこれらを結合してガン細胞特異的に送達する。それに対して受動的ターゲティングは，固形腫瘍の血管特性などの特異性を生かして薬剤を腫瘍組織選択的に集積する方法である。以下に，ガン組織と正常組織の相違について簡単にふれる。

ガン組織内で急速に造成される腫瘍新生血管は正常組織内の血管と比べて内皮細胞の構築が不完全なため，血管内皮細胞間に 100～600 nm 程度の広い隙間があいている。そのため血管透過性が著しく亢進しており，図 5.20 に示したように正常血管からは漏出しないような数十 nm～100 nm のサイズの巨大分子が血管からガン組織内に漏出される。さらに，急増する毛細血管に対しリンパ組織の発達が不完全なため，いったん漏出した物質はガン組織に長く滞留しやすい。このガン組織特異的な漏出・滞留を **EPR 効果**（enhanced permeability and retention effect）と呼ぶ。

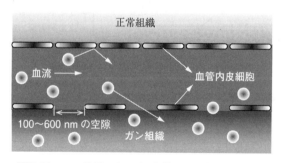

図 5.20 EPR 効果によるガン組織への巨大分子の漏出

EPR 効果は 1986 年に熊本大学の前田らによって提唱され，後述するように，その後固形腫瘍の受動的ターゲティングに基づく DDS 開発の重要な概念となっている。

またガン細胞では、ミトコンドリアでの酸化的リン酸化よりも嫌気性解糖系の代謝でATPが生産される(**Warburg効果**)。解糖系代謝は酸化的リン酸化よりもATP生産の効率が圧倒的に悪いため、ガン組織ではグルコースの消費が激しく、また産生される乳酸や二酸化炭素の影響で、ガン組織周りのpHは正常組織よりも低い。具体的には、正常組織ではpHが約7.4に対し、ガン組織では6.5〜7.2という報告がある。そこで、この程度のpH変化を感知する機能性分子を導入したガン細胞特異的ターゲティングも検討されている。

数百nmに制御したナノ粒子中に薬物を封入できれば、血中を循環する間に図5.20のようにEPR効果でナノ粒子をガン組織に徐々に集積させることができる。一方サイズが10 nm以下のナノ粒子では腎臓から排出されてしまい、400 nm以上になると脾臓のマクロファージや肝臓のクッパー細胞などに取り込まれてしまう。したがって、理想的にはサイズがウイルスと同程度の10〜100 nm程度の間に制御されたナノ粒子が好ましい。

なおEPR効果ですべてのナノ粒子がガン組織に集中するわけではない。濃縮される量は投与量の数%程度であり、全身を血流が巡る間に残り95%以上は、他の臓器や組織にどうしても分散されてしまうことに注意する必要がある。

5.4.3 リポソーム型DDS

カプセルのように薬剤を封入可能なナノ粒子として、**リポソーム**を挙げることができる。リポソームは、**図5.21**のように**脂質二分子膜**から形成される閉鎖小胞体であり、内部に水溶液が封じ込められている(**内水相**)。リポソームを構成している両親媒性分子は生体成分のリン脂質で、図には例としてグリセロリン脂質の一種の1-ステアロイル-2-オレオイル-3-ホスファチジルコリンを載せた。このようにリン脂質は、親水部のホスホリルコリン基部位に疎水的な炭化水素鎖が、グリセロールを介して2分子結合している。

グリセロリン脂質は円筒状の構造をしており、水中では疎水相互作用で炭化水素鎖部位が水の接触を避けるように集合するため、図5.21のようなカプセル状の構造を形成する。リポソームのサイズは親水基や疎水基の種類や調製条

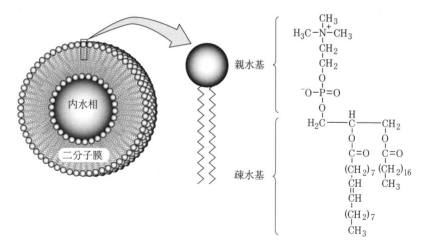

図 5.21 リポソームの構造

件を変えることで制御が可能である。リポソームのサイズを 10~100 nm 程度に調整し、親水的な薬物なら内水相部位に封入すれば、EPR 効果で抗ガン剤のガン組織への集積化が期待できる。疎水性の薬物の場合は二分子膜部位に内包することが可能である。

しかし、一般にナノ粒子は肝臓や脾臓の**細網内皮系**（reticulo-endothelial system, **RES**）に捕捉されるため、**血中滞留性**が低く十分な EPR 効果が見込めない。この問題を解決するため、リポソーム表面をポリエチレングリコール（PEG）で修飾する技術が開発され、血中滞留性が飛躍的に向上した。このように免疫系や細網内皮系などの"レーダー"に認識されない性質を、**ステルス性**と呼ぶことがある。

以上のような設計思想に基づいて開発された**ステルスリポソーム**型の抗ガン剤が、**ドキシル**（Doxil）である。**図 5.22** に示したように、表面を PEG で修飾したホスファチジルコリン型リポソームが DDS 製剤として使用されている。ドキシルには、**ドキソルビシン**（doxorubicin, **Dox**）または**アドリアマイシン**（adriamycin）と呼ばれる薬剤が塩酸塩として内水相に内包されている。ドキソルビシン自体は古くから知られた抗ガン剤だが、ステルスリポソームに内

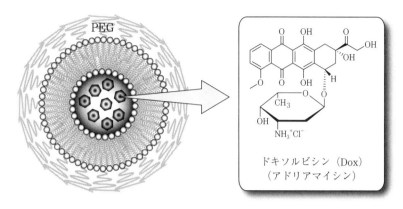

図 5.22 ステルスリポソーム型抗ガン剤（ドキシル）

包することで副作用の抑制が可能になり，再発卵巣ガンの治療薬として実用化された。

5.4.4 高分子ミセル型 DDS

内部に薬剤を封入可能なカプセル型分子集合体としては，リポソームの他に**ミセル**がある。ミセルを構成する**両親媒性分子**はリポソームと異なり，**図5.23**のように疎水部は1本のアルキル鎖である。そのため分子はグリセロリン脂質と異なりくさび状になり，疎水相互作用でアルキル鎖が集合した場合に二分子膜にならず，中心部に疎水鎖が集合した球状の会合体＝(球状)ミセルを形成する。この疎水鎖が集合している中心部には疎水性分子を取り込むことが可能である。

石鹸が汚れを落とす原理は，ミセルが油汚れ（疎水性分子）を取り込むことに基づいている。一方ミセルに疎水性の薬物を取り込ませることができれば，リポソームと同様にEPR効果に基づくガン組織への受動的ターゲティングが期待できる。しかし図5.23のような低分子の両親媒性分子を用いたミセル（低分子ミセル）は安定性が低いといった問題がある。

ミセル形成は濃度に依存し，低濃度では気液界面あるいは水中に分子レベルで分散しており，**臨界ミセル濃度**（critical micelle concentration, **CMC**）以上

168　5.　高分子の医薬への応用

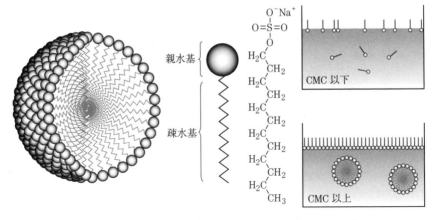

図 5.23　ミセルの構造（化学式はドデシル硫酸ナトリウム）

で球状のミセルを形成することが可能になる。逆にいえば CMC 以下ではミセルを形成できない。したがって，ミセルに封入した薬剤を血中に投与し，希釈されて CMC 以下になると，ガン組織に届く前に薬物を血中に放出することになる。さらに低分子ミセルのサイズは腎臓で排出可能な数 nm 程度である。

一方，低分子ではなく**両親媒性高分子**を用いると，DDS に適した**高分子ミセル**を調製することが可能になる。一本鎖の両親媒性高分子（ユニマーということがある）は，低分子の場合と同様に親水性ブロックと疎水性ブロックから形成されており，水中では疎水性ブロックが集合することで内核を形成し，その外殻を親水性ブロックが覆っている。高分子ミセルを構成する両親媒性高分子の一本鎖の分子量は対応する低分子より大きい上，その重合度の制御が可能である。したがって，EPR 効果に適した 10～100 nm 程度のサイズに制御された高分子ミセルの設計が可能となる。

さらに高分子ミセルの CMC は低分子ミセルのそれより圧倒的に低く，血中に投与しても十分長時間ミセルを保つことが可能である（**静的安定性**）。また高分子ミセルは**動的安定性**も期待できる。すなわち，両親媒性高分子とミセルの平衡が遅いため血中に投与して希釈され，仮に CMC を下回ったとしても高分子ミセルから高分子が脱着する速度が遅いので，高分子ミセルはすぐに崩壊

せず安定して血中を滞留することができる。

このような設計思想に基づき，**図5.24**のように親水性ブロックにPEG鎖，疎水性ブロックに疎水性側鎖をもつポリペプチド鎖のブロック共重合体が，高分子ミセルとして検討されている。上述のように，PEG鎖はステルス性をもつ生体適合性の高い親水性高分子であり，その重合度の制御も可能である。

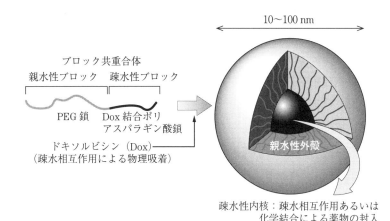

図5.24 高分子ミセルを利用したDDSの設計

例えば，ポリアスパラギン酸の側鎖に上述のDoxを化学的に結合したブロックを疎水性ブロックに使用し，遊離のDoxを疎水相互作用で内核に封入した高分子ミセルが，EPR効果で効率的に固形ガンに濃縮されることが明らかとなっている。**ポリアスパラギン酸**鎖は親水性（アニオン性）だが共有結合で導入したDoxの疎水性により内核を形成し，ここに遊離のDoxが疎水相互作用によって封入されている。ここで抗ガン活性を示すのは，主に遊離のDoxである。

他にも薬物内包型ナノ粒子として，**ナノゲル**も検討されている。例えば水溶性多糖のプルランにコレステリル基を部分的に導入したコンジュゲートは，水溶液中ではコレステロールが疎水相互作用で会合するため，物理的な架橋点を形成する。その結果，自発的に数分子が会合することで数十nmの物理架橋ナ

ノゲルが得られる。多糖類を用いたナノゲルはPEG同様に高い生体適合性を有しており，またその内部にタンパク質や抗ガン剤を内包することができ，DDSとして有用であることが明らかとなっている。また後述の遺伝子キャリアとしても有望であることも判明している。

5.4.5 遺伝子治療用ベクターとしてのナノ粒子

外来遺伝子を細胞内に導入して行う疾患の治療法を，**遺伝子治療**（gene therapy）と呼ぶ。狭義の遺伝子治療とは，異常あるいは欠陥遺伝子を正常遺伝子に置換（補完）することだが，ガンのような難治療性疾患にも遺伝子治療が注目されている。

遺伝子治療では遺伝子そのものを医薬とみなすことができるが，外来遺伝子は細胞内（核内）に送達されて発現するので，低分子医薬や抗体医薬と異なり細胞内まで運搬するキャリアなしには機能しない。このように遺伝子を細胞内に導入するためのキャリアを**ベクター**と呼ぶ。なお遺伝子操作でDNA断片を導入するためのプラスミドやコスミドもベクターというが，ここで定義するベクターとはプラスミドやコスミドを封入するためのキャリアであり，意味が異なることに注意してほしい。

培養細胞などに外来遺伝子を導入する手法としては，**エレクトロポレーション**[†1]や**マイクロインジェクション**[†2]のような物理的な方法の他に，**リポフェクション**[†3]のような化学的な手法が知られており，一般的によく用いられる。

一方ベクターを使用した遺伝子導入方法としては，**ウイルスベクター**および**非ウイルスベクター（人工ベクター）**の2種類に大別できる。ウイルスベクターは，その名のとおりウイルスそのものを外来遺伝子のキャリアとして使用する方法であり，代表的なものとして**レトロウイルスベクター**および**アデノウイルスベクター**が知られている。ウイルス自身が遺伝子を封入可能な10～100

[†1] 細胞に高電圧パルスをかけることで一時的に膜に微小な穴を開け，DNAを導入する方法。
[†2] 微小ガラス管を細胞に刺して注射のようにDNAを導入する方法。
[†3] カチオン性リポソームを用いてDNAを細胞に取り込ませる方法。

5.4 ドラッグデリバリーシステム（DDS）

nm 程度の天然由来のナノ粒子であり，ベクターとして最適である。

　これらウイルスベクターの最大の長所は，導入効率および発現効率が高いことにある。特にアデノウイルスベクターの効率は高く，*in vivo* でも多用されている。レトロウイルスベクターは外来遺伝子を染色体に組み込むことが可能なので，長期間にわたって遺伝子発現させることができる。一方のアデノウイルスベクターでは外来遺伝子が染色体に組み込まれないため，その発現は一過性で細胞分裂に伴い徐々に失われる。なおレトロウイルスベクターは外来遺伝子をランダムに染色体内に組み込むので患者の遺伝子を破壊する可能性もあり，必ずしも長所とはいえない場合もある。

　一方ウイルスベクターに共通する短所は，以下の二点である。
 (1)　導入可能な遺伝子のサイズが限られる。
 (2)　毒性がある。

ウイルスベクターに導入できる外来遺伝子は数 kbp ～数十 kbp 程度であり，大きな遺伝子を複数同一のウイルスベクターに導入することは困難である。またウイルスベクターを使用した死亡事故や白血病を発症する事故が起きてから，ウイルスベクターの安全性が問題視されている。このウイルスベクターの安全性が契機となり，非ウイルスベクター開発への期待が高まりつつある。

　非ウイルスベクターに要求されるスペックも基本的には DDS と同じであることから，上述した DDS 用のナノ粒子と類似したものが使われている。一点大きく異なるのは，高分子ミセルやナノゲルの設計では疎水性内核を形成させるために疎水性ブロックや疎水性分子を用いてきたが，アニオン性の高分子である DNA は疎水性内核に封入できないことである。すなわち親水性ブロック-疎水性ブロックでは人工ベクターは設計できない。

　そこで DNA がアニオン性高分子であることに着目し，疎水性ブロックの代わりに**ポリカチオン鎖**を用いる。例えばポリカチオン鎖として**ポリ-L-リジン**が利用できる。こうすることで，ポリカチオン-ポリアニオンの**ポリイオンコンプレックス**（poly-ion complex, **PIC**）を形成させる。通常 PIC は電荷が中和されるので沈殿してしまうが，PEG のような中性の親水性鎖がポリカチオ

172　5. 高分子の医薬への応用

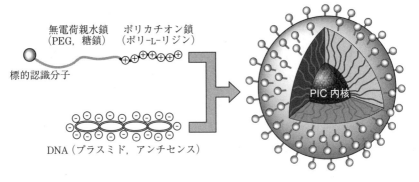

図 5.25　遺伝子あるいは核酸医薬のキャリアとしての高分子ミセル

ン鎖に結合していると，**図 5.25** のように内核に PIC をもち，その周りを中性の親水性鎖が覆ったミセル様構造体（PIC ミセル）を形成することができる。

PIC ミセルは，5.4.4 項で説明した高分子ミセルと同様に $10～100\,\mathrm{nm}$ のウイルスと同程度のサイズに制御可能であり，水中で安定に存在できる。また外殻表面に標的認識分子を導入すれば，能動的ターゲティングも可能となる。このように電荷をもたない親水性高分子とポリカチオンのブロック共重合体やグラフト共重合体は，DNA や RNA と水中で安定な複合体を形成することができる。例えばポリ-L-リジンとデキストランのグラフト共重合体やポリカチオンを導入したナノゲルも，DNA や RNA と安定な複合体を形成するので，5.3 節で解説したアンチセンス DNA や siRNA のキャリアとしても応用可能である。

これら人工ベクターの長所は，ウイルスを使用しないので高い安全性が担保できる点と，導入可能なゲノムサイズに制限がない点である。ウイルスと異なり人工ナノ粒子のサイズは自在に制御できるので，ゲノムサイズに応じて調製できる点は大きな長所である。しかし，現状では人工ベクターによる遺伝子発現効率はウイルスベクターと比較して圧倒的に低く，実用化のためにはまだ多くの改良の余地がある。

章 末 問 題

1. ペプチド合成や糖鎖の有機合成法を駆使して単一糖鎖構造をもつ抗体分子を化学合成することができれば，糖鎖の不均一性の問題は解決すると考えられる。しかし，この抗体はそのままでは機能しない。なぜか説明せよ。
2. LNA は RNA に対して二重鎖形成能が高い。それはなぜか説明せよ。
3. 二重鎖 RNA である siRNA が，mRNA と相補的に結合する仕組みを説明せよ。
4. 熱に応答するインテリジェント DDS を設計するためには，どのような高分子材料が適しているか。この教科書で習った範囲内で考えよ。
5. 図 5.21 では，二重結合のある炭化水素鎖をもつグリセロリン脂質を例に挙げている。この二重結合を水素添加して飽和アルキル鎖にした場合，リポソームの物性はどうなると予想されるか。
6. PIC を利用した人工ベクターの遺伝子発現効率が低い理由を考察せよ。
7. 培養細胞に裸のプラスミドを加えただけでは，細胞内に送達されない。同様に細胞にアンチセンス DNA や siRNA をそのまま加えても，細胞内には取り込まれない。その理由を考察せよ。

参 考 文 献

1) 古川鋼一・遠藤玉夫・岡　昌吾・本家孝一・加藤晃一 共編：「糖鎖情報の独自性と普遍性」, 7 章, 共立出版 (2009)
2) 「抗体医薬品の開発と市場」, シーエムシー出版 (2012)
3) 森下真莉子 監修：「次世代バイオ医薬品の製造設計と開発戦略」, 1 編 5 章, 2 編 1 章, シーエムシー出版 (2011)
4) 設楽研也：薬学雑誌, **129**, pp.3-9 (2009)
5) 添付文書："カドサイラ®"
6) 医薬品インタビューフォーム："エンブレル®"
7) 多比良和誠・関根光雄 編：「RNAi 法とアンチセンス法」, 講談社 (2005)
8) 塩見晴彦・塩見美喜子・稲田利文・廣瀬哲郎 共編：「RNA 研究の最先端」, 羊土社 (2010)
9) 中村義一 編：「最新 RNA と疾患研究」, メディカルドゥ (2009)
10) 西島正弘・川崎ナナ 共編：「バイオ医薬品」, 24 章, 化学同人 (2013)

11) 松田　彰：核酸医薬開発の現状と展望　ファルマシア，**51**，pp.429-433 (2015)
12) J. Bramsen, A. Grünweller, R.K. Hartmann and J. Kjems：in *Handbook of RNA Biochemstry*，Wiley-VCH Verlag GmbH & Co.，pp.1243-1277 (2014)
13) V.K. Sharma, R.K. Sharma and S.K. Singh：*MedChemComm*，**5**，pp.1454-1471 (2014)
14) Z. Li and T.M. Rana：*Nat. Rev. Drug Discov.*，**13**，pp.622-638 (2014)
15) J. Niu, B. Zhang and H. Chen：Molecular biotechnology，**56**，pp.681-688 (2014)
16) 前田瑞夫：「バイオ材料の基礎」，5章，岩波書店 (2005)
17) 中林宣男，石原一彦，岩崎泰彦：「バイオマテリアル」，13章，コロナ社 (1999)
18) L.E. Gerweck and K. Seetharaman："Cellular pH Gradient in Tumor versus Normal Tissue: Potential Exploitation for the Treatment of Cancer", *Cancer Res.*，**56**，pp.1194-1198 (1996)
19) J.A. Kellum, M. Song and J. Li："Science review: Extracellular acidosis and the immune response: clinical and physiologic implications", *Critical Care*，**8**，pp.331-336 (2004)
20) E. Gullotti and Y. Yeo："Extracellularly activated nanocarriers: A new paradigm of tumor targeted drug delivery", *Mol. Pharm.*，**6**(4)，pp.1041-1051 (2009)
21) 田畑泰彦 編：「ここまで広がるドラッグ徐放技術の最前線―古くて新しいドラッグデリバリーシステム（DDS）」（遺伝子医学MOOK別冊），2章1節，メディカルドゥ (2013)
22) 岡田弘晃 監修：「機能性DDSキャリアの製剤設計」，2.3節，2.5節，シーエムシー出版 (2014)
23) 医薬品インタビューフォーム："ドキシル"
24) 荒木孝二，明石　満，高原　淳，工藤一秋：「有機機能材料」，4章，化学同人 (2006)
25) 日本化学会 編：「化学便覧　応用化学編　第7版」，16章，丸善出版 (2014)
26) 堀池靖浩，片岡一則：「バイオナノテクノロジー」，8章，オーム社 (2003)
27) 日本遺伝子治療学会 編：「遺伝子治療開発研究ハンドブック」，2.2節，エヌ・ティー・エス (1999)

推 薦 図 書

―さらに詳しく学習するために[†]―

1章関連
1) 田宮信雄・村松正寛・八木達彦・遠藤斗志也 共訳:「ヴォート 基礎生化学 第4版」, 東京化学同人 (2014)
2) 関根光雄 ほか:「ゲノムケミストリー」, 講談社 (2003)

2章関連
1) 村橋俊介, 小高忠男, 蒲池幹治, 則末尚志:「高分子化学 第5版」, 共立出版 (2012)
2) 高分子学会 編:「高分子科学の基礎 第2版」, 東京化学同人 (1994)

3章関連
1) 荒木孝二, 明石 満, 高原 淳, 工藤一秋:「有機機能材料」, 化学同人 (2006)
2) M.L. ベンダー (平井英史・小宮山真 共訳):「シクロデキストリンの化学」, 学会出版センター (1979)
3) 小宮山真, 荒木孝二:「分子認識と生体機能」, 朝倉書店 (1989)
4) 上野昭彦 編集, 戸田不二緒 監修:「シクロデキストリン〈基礎と応用〉」, 産業図書 (1995)

4章関連
1) 中林宣男, 石原一彦, 岩崎泰彦:「バイオマテリアル」, コロナ社 (1999)
2) 堀内 孝, 村林 俊:「医用材料工学」, コロナ社 (2006)

5章関連
1) 中林宣男, 石原一彦, 岩崎泰彦:「バイオマテリアル」, コロナ社 (1999)
2) 堀池靖浩, 片岡一則:「バイオナノテクノロジー」, オーム社 (2003)

[†] 各章末参考文献より推薦図書を抜粋。

索引

【あ】

アイソタクチック　56
アガロースゲル　89
アクセプター　71
アクリルアミド　48, 87
アクリル酸　46
アゴニスト　157
アジピン酸ジクロリド　59
アスコルビン酸　16
アスピリン　135
アゾビスイソブチロニトリル　46
アタクチック　56
アダリムマブ　143
アーチワイヤー　112
アデニン　2
アデノウイルスベクター　170
アトラジン　81
アドリアマイシン　166
アニオン重合　49
アノマー炭素　26
アプタマー　146
アミド結合　14
アミノ酸　14
アミロース　27
アラミド　59
アリルチオイソシアネート　79
アルギン酸　114
アルギン酸印象材　114
アルコキシド　62
アルドース　24
アルドン酸　26
アルブミン　124
アンタゴニスト　157
アンチジーン　146
アンチセンス核酸　146
アンチセンス鎖　148
アンチトロンビンⅢ　123
アンチパラレル型三重鎖　5

【い】

イオン交換膜　85
いす形配座　26
イズロン酸　126
イソシアナート基　60
イソタクチック　56
イソタクチック PMMA　132
一次構造　17
一次抗体　96
一次止血　121
遺伝子治療　170
イブリツモマブ　144
色の三原色　91
陰イオン交換膜　86
印象材　114
インターフェロン応答　155
インターフェロン誘導　155
インプラント　111
インフリキシマブ　143
インプリント高分子　80

【う】

ウイルスベクター　170
齲蝕　108
ウラシル　2
ウレタン結合　60
ウロン酸　26

【え】

永久双極子間相互作用　69
液体分離　84
エチジウムブロミド　94
エチレン-ビニルアルコール共重合体　130
エチレンイミン　63
エチレングリコール　58
エチレングリコールジメタクリレート　81
エナメル質　108
エピマー　25

エフェクター機能　138
エフェクター作用　138
エレクトロポレーション　170
塩基対　3
炎症反応　103
エンド-β-N-アセチルグルコサミニダーゼ　39

【お】

オセルタミビル　36
オフターゲット効果　154
オリゴヌクレオチド　147

【か】

開環重合　61
開始反応　46
ガイド鎖　148
界面重合　59
核　酸　2
核酸医薬　135
核酸自動合成機　9
角質層　115
角　膜　104, 107
下限臨界溶液温度　118
過酸化ベンゾイル　46
カスケード反応　122
可塑剤　44
カチオン重合　51
カドサイラ　144
カプトン　60
可変領域　137
加法混色法　90
可溶化剤　78
過硫酸アンモニウム　48, 87
顆粒層　115
環状アミド　63
環状イミド　63
環状エステル　62
環状エーテル　61
環状オリゴ糖　79
汗　腺　115

索　　　引

眼内レンズ	106	血管内皮細胞	122	三次構造	20
		血　球	119	三重鎖構造	5
【き】		血　漿	119	酸素富化膜	83
機械弁	129	血小板	119	サンドイッチ法	96
義　歯	109	血清タンパク質	121	三葉弁	129
義歯床	109, 110	血　栓	102, 119		
気体透過係数	83	血栓形成	103, 119	【し】	
キチン	27, 116	血栓剥離	127	ジ(メタクリロキシエチル)	
基底層	115	血中滞留性	166	トリメチルヘキサメチ	
輝　度	94	ケトース	24	レンジウレタン	110
キトサン	27	ゲノム編集	159	シアノアクリル酸エステル	
偽内膜	127	ケブラー	59		49
キナムロ	151	ケラタン硫酸	28	自家移植	115
逆浸透膜	85	限外ろ過	84	歯　冠	108
キャリア	162	減法混色法	90	シクロデキストリン	75
吸光度	91			歯　茎	108
共重合	52	【こ】		歯　根	108
矯正治療	111	抗凝固作用	126	ジシクロヘキシルカルボ	
拒絶反応	103	抗血栓性	119	ジイミド	22
		咬　合	109	脂質二分子膜	165
【く】		交互共重合体	52	歯　髄	108
グアニン	2	酵素結合免疫吸着法	96	システイン	14
グアニン四重鎖構造	6	抗　体	136	ジスルフィド結合	16
グアニン四量体	6	抗体依存性細胞傷害活性		歯槽骨	108
クッパー細胞	165		138	シトシン	2
クヌーセン流	83	抗体医薬	135	歯　肉	108
グラフト共重合体	52	抗体医薬品	136	ジビニルベンゼン	86
グランザイム	138	高分子医薬	135	シムジア	143
グリコサミノグリカン		高分子ミセル	168	重合度	45
	28, 116	高マンノース型糖鎖	30	重　鎖	137
グリコシド結合	26	高密度ポリエチレン	51	重付加	56
グリコン酸	26	コスミド	170	重量平均分子量	45
グルクロン酸	126	固相合成法	9	縮重合	56
グルコサミン	126	固相担体	9	主　溝	4
グルコシルセラミド	34	コラーゲン	115, 116	受動的ターゲティング	164
グルコピラノース	75, 76	コンセンサス配列	30	シュードノット	158
グルタミン酸	16	コンタクトレンズ	105	シランカップリング剤	109
クレアチニン	130	コンドロイチン硫酸	28	シリカフィラー	109, 110
		コンフルエント	118	シリコーン	116, 124
【け】		コンプレックス型糖鎖	32	人工核酸	146
蛍　光	91	コンポジットレジン	109	人工角膜	107
蛍光共鳴エネルギー移動	95			腎硬化症	129
蛍光プローブ	89	【さ】		人工血管	127
蛍光量子収率	92	サイクロデキストリン	79	人工歯根	111
軽　鎖	137	再生医療	117	人工心臓	128
血液凝固因子	120	細胞外マトリックス	118	人工腎臓	129
血液凝固塊	119	細網内皮系	166	人工ベクター	170
血液凝固反応	119	作動薬	157	人工弁	129
血液透析	129	ザナミビル	36	シンジオタクチック	56
血管塞栓	127	サブユニット	20		

【す】

シンジオタクチック PMMA	132
水晶体	104
水素結合	69, 71
数平均分子量	45
スタッキング相互作用	70
スチレン	45
ステルス性	166
ステルスリポソーム	166
ステレオコンプレックス	132
ストークスシフト	92
スフィンゴ糖脂質	34

【せ】

生体適合性	102
生体弁	129
成長反応	47
静的安定性	168
静電相互作用	68
ゼヴァリン	144
赤色血栓	120, 121
セグメント化ポリウレタン	124, 128
接近阻害法	147
赤血球	119
セラミック	109
セリンプロテアーゼ	122
セルトリズマブ ペゴル	143
セルロース	27
セロビオース	27
繊維芽細胞	115
センス鎖	148
セントラルドグマ	1, 11

【そ】

象牙質	108
創傷被覆材	116
阻害薬	157
組織因子	122
組織代替材料	102
組織培養	117
疎水性分子	72
疎水相互作用	73
ソフトセグメント	55, 128

【た】

タイイングワイヤー	112
耐塩基性	85
耐塩素性	85
ターゲティング	161
多孔質膜	83
脱　灰	108
多　糖	24
タミフル	36
炭酸ジフェニル	58
淡色効果	6
単　糖	24
タンパク質	16

【ち】

チオール基	14
チミン	2
中空糸	130
中心教義	1
中和作用	138
超可変領域	137

【て】

停止反応	47
ディスポーザブル	43
低密度ポリエチレン	51
デオキシリボ核酸	2
デオキシリボース	2
デコイ核酸	146
デルマタン硫酸	28
テレフタル酸	58
テレフタル酸ジクロリド	59
電気泳動	87
電気透析	84, 86
転　写	11

【と】

糖　鎖	24
陶　歯	109
糖　質	24
透　析	84
動的安定性	168
糖転移酵素	29, 32
糖尿病	129
糖分解酵素	29
ドキシル	166
ドキソルビシン	166
ドデシル硫酸ナトリウム	89
ドナー	71
トラスツズマブ	144
トラスツズマブ エムタンシン	144
ドラッグデリバリーシステム	160
トランスグルタミナーゼ	122
トランスファー RNA	11
トリ-n-ブチルボラン	113
トリアセチルセルロース	130
トリプシン	118
トリプトファン	16
トリフルオロ酢酸	21
トロンビン	121, 122
トロンボキナーゼ	122

【な】

内因性経路	123
内水相	165
ナイロン 6	63
ナイロン 66	56, 59
ナノゲル	169
軟質ポリ塩化ビニル	44

【に】

二次構造	17
二次抗体	96
二次止血	121
二重鎖の融解	6
二重らせん構造	3
ニトログリセリン	163
二分子膜構造	74
乳　酸	165
尿　素	130
尿素結合	61

【ぬ～の】

ヌクレオチド	2
熱分解炭素	129
脳梗塞	119
濃染顆粒	120
脳塞栓症	119
能動的ターゲティング	164
ノンコーディング RNA	12, 149

【は】

バイオ医薬品	135
バイオマテリアル	43, 102
排除体積効果	124
ハイドロゲル	105
ハイブリッド型糖鎖	32
ハイブリドーマ	139
パイロライトカーボン	129

白色血栓	121	プラスミド	170	ポリイミド	59, 60
ハーゲマン因子	123	フラノース	26	ポリウレタン	56, 61, 116
ハーセプチン	144	プリン塩基	2	ポリエステル	56
白血球	119	プロスタサイクリン	123	ポリエチレン-酢酸ビニル	163
パッセンジャー鎖	148	ブロック共重合体	52	ポリエチレンイミン	63
ハードセグメント	55, 128	ブロックバスター	135	ポリエチレンオキシド	62
パーフォリン	138	プロテオグリカン	28	ポリエチレングリコール	
パラレル型三重鎖	5	プロトン酸	51		62, 166
バルジ	157	プローブDNA	99	ポリエチレンテレフタレート	
半透膜	85	プロリン	16		44, 58
		分散力	70	ポリエーテルスルホン	130
【ひ】		分子鋳型法	80	ポリ塩化ビニル	43
非ウイルスベクター	170	分子シャペロン	21	ポリカチオン	171
光の三原色	90	分子標的医薬	157	ポリカーボネート	58
非極性物質	72			ポリグリコリド	63
非経口投与	78	【へ】		ポリグリコール酸	63
ヒスチジン	16	ヘアピンループ	158	ポリジメチルシロキサン	
ビスフェノールA	58	平均重合度	45		84, 116, 124
非多孔質膜	83	平均分子量	45	ポリスチレン	46
ビタミンC	16	ペガプタニブ	146, 159	ポリスルホン	85, 130
ビタミンK	127	ヘキサメチレンジアミン	59	ポリスルホン膜	131
ビトラベン	151	ベクター	170	ポリテトラフルオロエチレン	124
ヒドロキシアパタイト	108	ヘパリン	28, 126	ポリテトラメチレングリコール	
ビニリデン化合物	45	ペプチドNグリカナーゼ	37		61
ビニルエーテル	49	ペプチド核酸	151	ポリ乳酸	62
ビニルモノマー	45	ペプチド結合	14	ポリ尿素	61
ピペリジン	22	ヘミアセタール基	25	ポリヒドロキシアルデヒド	24
ヒュミラ	143			ポリヒドロキシケトン	24
氷殻構造	72	【ほ】		ポリビニルアルコール	63
ピラノース	26	ポアズイユ流	83	ポリビニルピロリドン	
ピリミジン塩基	3	包接	75		116, 131
ピロメット酸無水物	60	ホスゲン	58	ポリブタジエン	55
		ホスホリルコリン	125, 165	ポリプロピレン	43
【ふ】		ホスホロアミダイト法	9	ポリペプチド	16
フィブリノーゲン	121	ホスホロチオエート	151	ポリメチルメタクリレート	105
フィブリノーゲン受容体	121	補体	138	ポリメラーゼ連鎖反応	12
フィブリン	123	補体依存性細胞傷害活性	138	翻訳	11
フィブリン血栓	122	ホミビルセン	146, 151		
フィブリンポリマー	121	ポリ-L-リジン	171	【ま】	
フィブロネクチン	118	ポリ(ε-カプロラクトン)	63	マイクロインジェクション	170
フェルスター半径	95	ポリ2-ヒドロキシエチルメ		マイナーグルーブ	4
フォールディング	20, 73	タクリレート	105	マウスミエローマ細胞	139
付加重合	45	ポリ4-メチル-1-ペンテン	84	マクジェン	159
副溝	4	ポリN-イソプロピルアクリ		マクロファージ	165
複合糖質	24	ルアミド	118	マスキング効果	79
複製	11	ポリアクリルアミドゲル	48, 87	マルトース	27
不正咬合	111	ポリアクリルアミド電気泳			
舟形配座	26	動法	87	【み】	
プライマー	12	ポリアスパラギン酸	169	ミエローマ細胞	139
ブラケット	112	ポリイオンコンプレックス	171	ミクロ相分離構造	124

索引

ミクロドメイン構造	124
ミセル	74, 167
ミポメルセン	146, 151

【む】

ムコ多糖	28
無水フッ化水素	21

【め】

メジャーグルーブ	4
メタクリル酸メチル	45
メッセンジャー RNA	11
免疫反応	103

【も】

毛根	115
網膜	104
モガムリズマブ	141
モノクローナル抗体	80, 135, 139
モル吸光係数	91
モレキュラーインプリンティング	80
モレキュラービーコン法	98

【や～よ】

薬剤送達システム	160
融解温度	6
誘起双極子	69
有機リチウム	54
有棘層	115
誘電率	69
陽イオン交換膜	86
四次構造	20

【ら】

ラジカル開始剤	46
ラマチャンドランダイヤグラム	17
ラマチャンドランプロット	17
ラミニン	118
ランダム共重合体	52

【り】

立体異性体	55
リテーナー	113
リビング重合	50
リボ核酸	2
リボザイム	147
リボース	2
リボソーム	11
リボソーム RNA	11
リポソーム	165
リポフェクション	170
量子収率	92
両親媒性高分子	168
両親媒性分子	74, 167
両性イオン	14
リレンザ	36
臨界ミセル濃度	167
りん光	92
リン酸ジエステル	2

【る, れ】

ルイス酸	51
レジン歯	109
レドックス開始剤	48
レドックス重合	48
レトロウイルスベクター	170
レミケード	143

【わ】

ワルファリン	126

【A】

A	2
ABO 式血液型糖脂質	34
ADCC	138
Agarose 寒天	89
Ago2	148
AIBN	46
Anfinsen のドグマ	20
anti-miRNA 核酸	149
antimiR	149
A 型二重らせん	4

【B】

Boc 法	21
BPO	46
B 型二重らせん	4
B 細胞	139

【C】

C	2
CD	75
CDC	138
C_{H1}	138
C_{H2}	138
C_{H3}	138
CHO 細胞	139
C_L	137
CMC	167
CMYK カラー	91
CRISPR/Cas9	159

【D】

D-ガラクツロン酸	26
D-ガラクトース	25
D-グリセルアルデヒド	24
D-グルクロン酸	26
D-マンヌロン酸	114
D-マンノース	25
DCC	22
DDS	160
Dicer	148
DNA	2
DNA チップ	99
DNA マイクロアレイ	99
Dox	166

【E】

ECM	118
ELISA 法	96
ENGase	39
EPR 効果	157, 164
EVA	130

【F】

Fab	137
Fc	137
Fcγ 受容体	138
Fcγ 受容体Ⅲ	141
Fick の第一法則	83
Fmoc 法	21
Frank-Condon の原理	91
FRET	95
FUT8	141
Fv	137

索　引

【G】
G	2
G-カルテット	158
Gapmer	154
GlcCer	34

【H】
H-DNA	5
HOBt	22
Hoogsteen 型塩基対	5
H 鎖	137

【I】
IgG	137
iso-PMMA	132

【J】
Jablonski ダイアグラム	91

【L】
L-グルロン酸	114
Lambert-Beer の法則	91
LCST	118
LNA	151
L 鎖	137

【M】
MB 法	98
miRNA	149
MMA	45
MPC	125
MPC ポリマー	125
mRNA	11

【N】
N-カルボキシ無水物	64
N,N,N',N'-テトラメチルエチレンジアミン	48, 87
N,N'-メチレンビスアクリルアミド	87
NCA	64
ncRNA	12
NS0	139
N 結合型糖鎖	30

【O】
O 結合型糖鎖	30

【P】
PAGE	87, 89
PCL	63
PCR	12
PEG	62, 166
PEO	62
PET	44, 52, 58
PGA	63
PHEMA	105
PIC	171
Pilocarpine	163
PLA	62
PMMA	105
PNIPAAm	118
POTELLIGENT	141
PTFE	124
PTFE 繊維	107
PVA	63

【R】
Reimer-Tiemann 反応	77
RES	166
RGB カラー	90
RISC	148
RNA	2
RNaseH	147
RNaseH 法	147
RNA 干渉	148
rRNA	11

【S】
SBS トリブロック共重合体	54
SDS	89
SDS-PAGE	89
SELEX 法	159
siRNA	146
SP2/0	139
syn-PMMA	132

【T】
T	2
TALEN	159
TBB	113
TEMED	48, 87
TFA	21
tRNA	11

【U】
U	2
UDMA	110
UNA	151

【V】
van der Waals 半径	71
V_H	137
V_L	137
von Willebrand 因子	120

【W】
Warburg 効果	165
Watson-Crick 型塩基対	3

【Z】
Ziegler-Natta 触媒	51
Z 型二重らせん	4

【数　字】
1-ヒドロキシベンゾトリアゾール	22
1,4-フェニレンジアミン	59
2-エチルヘキサン酸スズ (II)	62
2-メタクリロイルオキシエチルホスホリルコリン	125
2′,4′-BNA	151
3′ 末端	3
4-META	113
4-メタクリルオキシエチルトリメット酸無水物	113
4,4′-ジアミノジフェニルエーテル	60
4,4′-ジフェニルメタンジイソシアナート	61
5′ 末端	3

【ギリシャ文字】
α アノマー	26
α 顆粒	120
α ヘリックス	17
β アノマー	26
β シート	18
β プリーツシート	20
γ-MPTMS	109
γ-グロブリン	124
γ-メタクリロキシプロピルトリメトキシシラン	109
π-π 相互作用	70

―― 著者略歴 ――

浅沼　浩之（あさぬま　ひろゆき）
1984 年　東京大学工学部合成化学科卒業
1989 年　東京大学大学院博士課程修了（工業化学専門課程）
　　　　工学博士
1989 年　富士写真フイルム株式会社足柄研究所
～95 年　研究員
1995 年　東京大学助手
2000 年　東京大学助教授
2005 年　名古屋大学教授
　　　　現在に至る

樫田　啓（かしだ　ひろむ）
2002 年　東京大学工学部化学生命工学科卒業
2006 年　東京大学大学院博士課程修了（化学生命工学専攻）
　　　　博士（工学）
2006 年　日本学術振興会特別研究員
2007 年　名古屋大学助教
2011 年　名古屋大学講師
2013 年　名古屋大学准教授
　　　　現在に至る

神谷　由紀子（かみや　ゆきこ）
2003 年　名古屋市立大学薬学部製薬学科卒業
2008 年　名古屋市立大学大学院博士後期課程修了（創薬生命科学専攻）
　　　　博士（薬学）
2008 年　分子科学研究所 IMS フェロー
2009 年　分子科学研究所特任助教
2012 年　名古屋大学助教
2013 年　名古屋大学講師
　　　　現在に至る

生体材料化学 ――基礎と応用――
Biomaterial Chemistry ―Fundamentals and Applications―
Ⓒ Hiroyuki Asanuma, Hiromu Kashida, Yukiko Kamiya　2015

2015 年 12 月 17 日　初版第 1 刷発行　　　　　　　　　　★

検印省略	著　者	浅　沼　浩　之
		樫　田　　　啓
		神　谷　由紀子
	発行者	株式会社　コロナ社
	代表者　牛来真也	
	印刷所	萩原印刷株式会社

112-0011　東京都文京区千石 4-46-10
発行所　株式会社　コロナ社
CORONA PUBLISHING CO., LTD.
Tokyo Japan
振替 00140-8-14844・電話 (03)3941-3131(代)
ホームページ　http://www.coronasha.co.jp

ISBN 978-4-339-06750-7　　（金）　（製本：愛千製本所）
Printed in Japan

本書のコピー，スキャン，デジタル化等の無断複製・転載は著作権法上での例外を除き禁じられております。購入者以外の第三者による本書の電子データ化及び電子書籍化は，いかなる場合も認めておりません。

落丁・乱丁本はお取替えいたします